成为您的美好时光

OBJECT LESSONS

知物

隐匿于日常生活中的真相

# 地 球

## 熟悉的他者

earth _ LINDA T. ELKINS-TANTON
JEFFREY JEROME COHEN

〔美〕琳迪·T·埃尔金斯－坦顿
杰弗里·杰罗姆·科恩 _ 著
邓 楚 _ 译

上海文艺出版社
Shanghai Literature & Art Publishing House

# 目 录

# 序言：本书缘起





2012年春天，我们两人受邀参加“通天塔”工作组[1]在波士顿举办的第二届双年会，

---

1 “通天塔”工作组（BABEL Working Group）成立于2004年，是一个由学者、研究人员、艺术家以及其他相关机构和人士组成的全球性联盟。该组织形容自身为“没有领导者与追随者、没有顶端与底层、只有中间者的，无阶层、超体制的学术共同体与充满探索热情的集合体（a non-hierarchical scholarly collective and para-institutional desiring-assemblage with no leaders or followers, no top and no bottom, and only a middle）”。“通天塔”主要着眼于对具有冒险性的非传统跨学科合作、培养有关“大问题”（与宏观社会生活相关的问题）且具有高辨识度的对话以及过去与现在的关系，比如大学的未来，人文科学的社会公共角色，科技对社会生活的影响，艺术与科学之间的关系等。“通天塔”双年会则首创于2010年，至今已举办五届（2010,2012,2014,2015,2017），有关双年会详细内容可见组织官网：https：//babel-meeting. org/。本书脚注均为译者注。

并准备发表一次合作演讲。促成这次合作的第一个契机是亚瑟·拜赫尔[1]，一位在麻省理工学院任教的中古史专家，他知道我们两个人都对岩石有着一种超乎常人的热情。我们之间的另一个共同点是，我们对一些根本性的，甚至可能无法回答的问题深深着迷——比如关于自然、人性、我们在宇宙中所处的位置，还有物种灭绝、沟通交流、生命的复杂性、行星波尺度的震荡（oscillation of scale）以及时间的浩瀚无尽。而我们在不同学科接受的学术训练也吸引了这次双年会的组织者：一个是行星科学家，就职于卡耐基科学研究院[2]并领导地磁科学系；另一个是英国文学教授，管理着一间主



---

1 亚瑟·拜赫尔（Arthur Bahr）：学者，中世纪史学家，现任教于麻省理工大学文学系。

2 卡内基科学研究院（Carnegie Institution for Science），位于美国华盛顿哥伦比亚特区，由钢铁大王安德鲁·卡内基（Andrew Carnegie，1835—1919）创办于1902年，主要致力于植物生物学、发育生物学、地球与行星科学、天文学与全球生态方向的研究。

攻中世纪及早期现代社会文化的研究机构。主办者希望我们能够跨越自然科学与人文科学间的领域壁垒（这两者合作的次数少之又少）建立对话。一开始，我们都被彼此的背景吓到了，担心两人间是否会有共同语言。尽管那时我们住在同一座城市，可我们一直犹豫着不肯拜访对方。然而，在华盛顿特区的一家寿司店碰头之后，这些疑虑都消失了，这次会面甚至让我们决定完全不设置任何话题边界的安全保障、更加大胆地设计会议发言。我们每人准备了一个时长五分钟的陈述来介绍自己的研究基础、方式与方法，然后一起登台，开始一次没有底稿准备但是充满无限可能的对谈。我们打算以轻松随意的态度向对方提出一些直击学科核心差异的艰深问题：比如人文学科领域的“大问题”，研究者总是怀着能够解决问题的希望去围绕它建构自己的一系列探究（然而学者总是不断地提出各种问题却不作回答），还有“美”在何种程度上能够成为科学研究的促进因素与有说服力的要素（对于一个行星科学家，美或许过于个人化、主观化，因此可能会威胁到她数据采集、分析与阐释的精准性）。我们非常喜欢这些问题，它们如此令人吃惊，我们也从来没想过就此自我诘问与反思，哪怕台下的听众有时会为之喝彩、有时会感到局促不安。这本《地球》就是我们两人基于由亚瑟·拜赫尔与双年会牵头促成的演讲，进行进一步扩充，并且保留了开放性结论的成果。

《地球》忠实地保留了稿件最初的写作形式。这些往来信件并不是为“完成一部作品”而虚构出来的。虽然我们后来确实为实现内容上的连贯、完整与充实进行了修改调整，但你们所看到的各种各样的手写稿、社交媒体升级的印记和即时信息可不是文学创作式的特殊设计，而是我们在写书时真实使用过的体裁、体验过的技术工具。如果读者有时感到，这些设备与文本框架显得不那么常见，还容易令人迷失方向，那正是因为我们探讨的这一话题本身就是不常见、没有中心方向的。我们相信，地球这样的对象需要多元的研究方式，这样才能同时表现每一种途径的关注点与危机。老实说，在写书时我们还使用了推特、Skype网络电话和面谈，但我们意识到过多的形式会削减读者的耐心，所以就没作保留。我们希望通过书中所写的内容传达出那么一点“大千世界、纷繁复杂”的感觉，我们也希望这本书能带领你们作为我们的伙伴与改变未来的力量，加入书中的讨论。

# 关于范围[1]



地球之于我们，是家园，是限制，同时也是不断涌现的挑战。



从很久以前，人类就拥有一种“想从外部观察地球”的强烈欲望，仿佛我们可以凭借自己的力量脱离这片我们眼下仅有的居住地、孕育我们的摇篮，并能够回过身来、将整个宇宙作为一个整体来审视。这样的一种视角被想象

---

1 该标题的英文原文为“orbit”有“轨道”意也有“范围”之意，此处选择译作后者，因为本章主要内容是在讨论人类理解、描述地球时所遇到的或将要面对的认知的边界。而从词源学来看，“orbit”来源于拉丁语，最初意指“眼眶”，而冠以“orbits terrarium”之名的古代地图集也多都是平面化的球体地球示意图——一片拥有明确边界、范围的土地（地球）的概貌。

成光芒万丈的、富有伟大启示意义的，但我们忘记了它遮蔽了多少东西。这个行星家园有过很多名称，人类文化的多样性使得关于地球形状与职能的描述也因地因时而异。这本书主要关注的就是西方世界的传统：从古典时代与中世纪的“大地之球”（拉丁语原文为 *orbis terraram*，主要描绘形式为一圈平面的土地，从正上方看时它们可以组合为一个球体地球）到后来的宇宙飞船或“蓝色弹珠”[1]，地球被想象为一个被某种界线包含在内的球体。直到近些年来，地球才不再被看作唯一的奇妙存在，变成了数十亿宇宙天体中光辉不甚突出、独特性备受怀疑的一份子。多年来我们曾认为整个



1　“蓝色弹珠”（Blue Mable）是由阿波罗 17 号太空船内的宇航员于 1972 年 12 月 7 日在距离地球 45,000 公里（28,000 英里）处拍摄的一张地球的照片。对于当时身在太空船上的太空人来说，地球的大小就像玻璃弹珠一样，照片便由此得名。因为拍摄时太空船正背向太阳，所以《蓝色弹珠》是少数能把整个地球清晰地拍下来的照片。微信的启动画面就是在这张照片的基础上修改而成。

宇宙是围绕着地球运转的，而现在我们谈论的是去人类中心论的哥白尼[1]的科学革命。然而，在一些领域，我们依然与地球有着深刻的联系。

6

在以某种视角把整个地球包含在内的愿望驱动下，人类创造出了一个两端不相连的抽象物体，一幅帮助我们从其“外部”观察全局的图像，这种实现愿望的方式或许和使我们畅游时空、与我们曾经抛下的东西建立新的联系的梦境同样古老。通过科学技术与想象，我们尝试着摆脱重力的束缚并获得一个真正全面的、俯瞰一切的视角，而地球将不再只是广阔的地表。在最初由木质帆船、现在由城市的灯光、



---

1 尼古拉·哥白尼（Nicolas Copernicus，1473—1543）：文艺复兴时期波兰数学家、天文学家，他提倡日心说模型，提到太阳为宇宙的中心。他临终前发表的《天体运行论》一般认为是现代天文学的起步点，它开启了哥白尼革命，并对推动科学革命作出了重要贡献。

飞机、互联网所形成的包围内，地球逐渐收缩为“谷歌地球”，一个被人类改造、“驯服”的事物，一件人造的商品，而不是一个无法以人类知识彻底了解的闪耀天体。但是不论是飞船、玻璃弹珠、“大地之球”抑或人类纪中的一件特殊的缩小产品，地球的图像始终都没有脱离以人为本位的立场。这样的图像上有太多被掩盖、被模糊的地方，同时完全不能表现地球内部的状况。依照现在的技术水平，飞上火星反而比深入地心简单得多。对我们的感官而言，地球太过庞大、太过古老、太难以触及，想要在一段时期内完全了解它是一件太过困难的事。我们生活在人类自身的局限性之中，这种限制使得我们往往难以应对世界范围的问题或事件（比如星际旅行与全球气候变化）。当观看地球的图片时，我们立刻看到的是宇宙中的一颗巨大球形天体，还有一颗被人类改造过的行星：海洋、植被、生物种群与大气尽在我们掌控之中。不过我们能凭借创造性与想象力去努力克服限制与分裂，或许还能获得足够的主动权与宽广视野去面对那些我们在观看、理解与行动中遇到的困难。

7

地球是一个难题。当我们决定研究地球，有关它的边界、深度与大小规模的许多挑战就接踵而至，并不断提供看似能涵盖一切，而实际上并非如此的研究方法。想想那些目前正围绕地球飞行的人造卫星吧，每一颗卫星的轨道都能产生一个观察地球的特定视角——也许是从南极洲向“上”、经过澳洲，穿越北极，然后再向下飞行途经南美洲；抑或只沿着赤道行进，由索马里向东直到巴西。所有这些视野可以由电脑整理组合在一起，形成一个在黑暗空间中的蓝白相间的球形天体……但就算是这些广为流传、涵盖甚多的图像，它们遗漏的有关

8

陆地半球地图，选自井口常范的五卷本《天文图解》(1689)。此图引用已获得亚利桑那州立大学艺术博物馆(ASU Art Museum) 安娜 & 詹姆斯·梅利基安馆藏项目(Ana and James Melikian Collection) 的许可。

地球的相关信息也远比它们所能包含的要多。时至今日，只有很少的人能真正俯视过地球的全貌，然而就如同流传下来的古代文本所证实的那样，人类在很久之前就在想象着如何获得这种视角了，不论是在梦境中，还是在死亡时，抑或是作为一个宇航员。这本书就始于承认我们将地球视为客体、想象自己仿佛自外于地球并反观这个我们目前仅知的家园的渴望，并承认这种渴望不断地在历史中复现。渴望从某一种更为全面，而非我们经由生活在地表而能够获得的碎片化的视角来看地球，是人类一个历史悠久的梦想——在这种视角下，白雪皑皑的峻峰、炎热的沙漠与奔腾不息的海洋都将融入这样一颗特别的星球——它不断地刺激着人们的创造力。我们相信自己能够离开地上的居所，有一瞬间能亲身感受地球那扰人的广阔，并获取一张全景式的图像，从而将地球握于手心，甚至去热爱它。

如果说地球算是一个特殊的对象，那么我们将如何观察它、如何了解它？理解地球，会如何挑战人文学科又或者自然科学对“理解”含义的诠释？长久以来流传的关于地球的故事如何贯穿于我们用科技手段去认识地球的过程中，又或者这些有关地球的叙事如何与另一个以更发达的科技认知建构的“地球”之间发生联系？为什么我们如此热切地渴望着能够以不再站立于崎岖不平的地表的姿态来观察地球？科学技术的进步真的能进一步拓展我们对于地球的理解与感受吗？最近发射升空的飞船与卫星所拍摄的地球的图像——一颗悬浮于无尽空间中的星球——是如何与我们长久以来想象的、从远方观望地球的模样联系起来的？在这种视野之下，我们究竟算是“回身”看呢，还是“向外”看？为什么探索世界的冲动会将人类拽离我们目前仅有的家园？地心引力是否不仅是一种物理学意义的力，同时也可以是一种具有隐喻意味的、我们可以从中逃脱的力量呢？我们通过科学的探测或虚构的故事实现宇宙旅行，是否只是为了探寻地球的过去或未来，抑或是为了了解我们在这片银河中是否仅有的、孤独的智慧生命呢？

与地球相关的问题和与生命相关的问题是紧密相连的。我们的想象力总是受到地球的限制：我们已知的地球的生物繁育情况划定了我们能够想象的生命形式的边界。我们怎么才能寻找自己无法想象的生命呢？或者换一种提问的方式，我们怎样才能拓展我们的想象力，从而进入超越自身认知的领域呢？跨学科的批判式思考能否使我们更深刻地意识到那些局限究竟是什么吗？地表仅仅是这颗我们赖以生存的星球的一个很小的部分，而我们对其表面的了解对我们想象地球内部（其温度与压力变化范围极大）和大气（它远比我们所亲身体验的要更薄、更脆弱）并没有什么决定性的帮助。然而奇怪的是，比起了解地球本身，我们对它止步于表层的知识反而帮助我们更好地了解地球之外的其他岩态行星。和地心相比，地球的表面和火星的表面更加相似。有关地球的问题往往指向有关计量级别的问题：我们真的能够想象那种非人力本身能及的深邃、浩大、微小、缓慢或迅速吗？我们要使用什么样的技术（包括文字性的叙事）才能更好地理解一颗不存在于我们所熟知的时空范围中的星球？千年以来，人类一直秉持宇宙围绕地球转动的理念，我们又是怎样抛弃这种地球中心（即人类中心）的模型的？当我们抛弃了这一模型，我们最终失去了什么，又有什么从中觉醒？当流传已久的故事与人们对星球更加科技化的理解相遇，会有什么事情发生呢？它会对我们的想象



10

力产生什么样的影响？人文科学与行星科学的河流又将揭示什么？

我们已经提出了许多问题。但在跟随这些问题指引的方向开展探究之前，我们想要强调长久以来人类对地球的整体认知——尽管地球并不总是被当作一颗现代意义的行星，但这个球形的天体永远被视为一个起点、一个家。虽然地球并不是整个宇宙的中心，但它肯定是*我们的*世界的中心。与此同时，我们也在不断地试图超越它，去想象一个身处群星之间回望地球的视角：要么是诸天神祇，要么是地外居民，要么是我们自己。人类历史上最古老的星盘诞生于古巴比伦[1]，它也说明制作星图、描绘它们与居住于其间、想象着从某一个角度一窥作为



1 古巴比伦（Babylon 或 Babylonia，约公元前 3500 年左右—公元前 729 年）：位于美索不达米亚平原的古文明，最初由阿摩利人建立，其位置大致在今天的伊拉克共和国版图内。

客体的地球全貌的愿望密不可分。星图是想象力与科技的共同产物，它是引领船只航行的工具，也是占据宇宙、撰写传说的必需之物。

从很久之前，人类就已经意识到地球的形状近似一个球体——尽管当他们把地球画成被一圈天空或海水包围的圆盘形陆地时，这一说法也是成立的。古希腊人对于行星形状的知识总是被后人驳斥，因为它们被认为是基于哲学或宗教信仰而非实际观测的结果，所以如果古希腊人认为地球是一个球形，那是因为古希腊人相信球形是最完美的几何形状，而不是从假说或能够印证该事实的测量实践中衍生出的知识。然而早在公元前 6 世纪，毕达哥拉斯[1] 就



11

1 毕达哥拉斯（Pythagoras，约公元前 580 年—约前 500 年或前 490 年）：古希腊数学家、哲学家。在数学领域，毕达哥拉斯开创从假设出发的演绎逻辑思想，对西方数学学科的发展有深刻影响；其哲学思想受俄耳甫斯教派的影响，具有神秘主义因素；毕达哥拉斯在宇宙论方面，部分吸收了米利都学派的研究并加入自己有关数的理论，认为大地是圆形的，且存在着许多但有限数量的世界。

提出整个地球必然是圆形。到公元前 4 世纪时，亚里士多德[1] 就以星座相对于面南而行的旅行者的位置的变化等事实为依据，来说明地球的球体形状。数学家兼天文学者托勒密[2] 进一步证明了亚里士多德的观点，他指出当山峰、船只等远方地面上的物体从地平面“升起”或“沉落”时，它们清晰地表明了地表所具有的弧度。从这段时期向后推，想要找到一位相信地球是平面的作者是很困难的。塞维利



1 亚里士多德（Aristotle，公元前 384 年—前 322 年）：古希腊著名哲学家、科学家和教育家。身为柏拉图的学生，亚历山大大帝的老师，亚里士多德是一位百科全书式的科学家，同时也是希腊哲学的集大成者。他著有《工具论》《物理学》《形而上学》《伦理学》《政治学》等，构建了西方哲学的第一个广泛系统。

2 克罗狄斯·托勒密（Claudius Ptolemy，约 90—168）：希腊裔天文学家、地理学家、占星学家和光学家，据传出生于罗马帝国统治下的埃及。作为“地心说”的集大成者，他的《天文学大成》（*Almagest*）论述宇宙的地心体系，并在中世纪被尊为天文学的标准著作。他的另一部代表作《地理学指南》（*Geographical Guidance*）是古希腊有关数理地理知识的总结，并提出了两种新的地图投影模式：圆锥投影和球面投影。

亚的圣依西多禄（公元7世纪）[1]、英国僧侣比德（673—735）[2]、意大利诗人但丁（1265—1321）[3]，还有《曼德维尔游记》的不知名作者（14世纪中期）[4]都是相信地球的圆球形本质的众多中世纪作家中的成员。广为讹传的关于哥



1 圣依西多禄（Isidore of Seville，560—636）：西班牙神学家与自然科学家，曾长期担任塞维利亚大主教，1722年被封为教会圣人。著有类百科全书《词源》、历史学著作《哥德族历史》、自然科学著作《天文学》《自然地理》等作品。

2 比德（Bede，约673—735）：英国学者、历史学家。他早年深入研究《圣经》和教父著作、沿袭爱尔兰教会传统对这些典籍进行注释，并留下历史著作《英吉利教会史》和《修道院长列传》。他被后人誉为"英吉利学问之父"，并于1899年被教皇利奥十三授予圣徒身份。

3 但丁（Dante Alighieri，1265—1321）：中世纪末意大利诗人，现代意大利语的奠基者，欧洲文艺复兴时代的开拓人物之一，被认为是中古时期意大利文艺复兴中最伟大的诗人，代表作为《神曲》（原名《喜剧》）《新生》等。

4 《曼德维尔游记》（*Book of Mandeville/The Travels of Sir John Mandeville*）：成书于14世纪的散文体虚构游记，作者不详，一说为一位名叫约翰·曼德维尔（Sir John Mandeville）的英国作家。该书参考了马可·波罗和鲁布鲁克的中国游记，描述了作者从英国出发一路向东，经由中亚、印度、中国，最后来到传说中的祭司王约翰的国土，并由位于约翰国东海外的伊甸园回到欧洲的经历。

伦布[1]的信念（他航行至美洲的部分区域、并驳斥了“世界尽头”无法继续航行的说法）很大程度上表明了我们对旧时代人们的偏见，但很少涉及哪些真正生活于遥远古代的先贤们。据我们所知，身处每一个历史时期、每一种文明的古人都远比我们普遍相信的要更聪明，他

12

们一直都在运用他们对求知的渴望在质疑、重新想象并重新创造（哪怕是对手边的、包括重复使用的材料进行改造）。从欧洲向西航行即可到达印度的可能性最早由古罗马地理学家斯特拉波[2]于公元前1世纪提出。而从很早开始，



1 克里斯托弗·哥伦布（Christopher Columbus，1451—1506）：意大利著名探险家、殖民者、航海家。据传哥伦布受西班牙王室支持，计划向西航行到达东印度群岛以期建立贸易航线、扩充殖民地，先后到达了巴哈马群岛、大安的列斯群岛、小安的列斯群岛、加勒比海岸的委内瑞拉以及中美洲。他的航海经历推动了后来欧洲与美洲持续性的基础，并且开辟了延续数个世纪的海外探险与殖民的时代。

2 斯特拉波（Strabo，前64年或前63年—23年），古希腊历史学家、地理学家，生于现在土耳其的阿马西亚（当时属罗马帝国），著有《地理学》17卷。

人们就知道地球的圆周惊人地巨大。早在公元前 240 年，埃拉托色尼[1] 就依托亚拉山大图书馆[2] 的藏书开展研究，并通过标注在夏至日午时家中和在更南方的赛伊尼[3] 的日影角度计算出了地球的大小。虽然我们不能完全肯定埃拉托色尼在写下地球周长为 5000 斯塔德。[4] 时使用了两种可能的计量单位中的哪一个[5] ，但就



---

1 埃拉托色尼（Eratosthenes，公元前 275 年—公元前 193 年），古希腊哲学家、诗人、天文学家与地理学家。在担任亚历山大图书馆馆长期间，他利用馆藏地图资料开展研究，并将天文学与测地学成果结合，完成了《地球大小的修正》(论述地球的形状，并提出精密计算地球圆周的科学方法)《地理学概论》(系统提出以经纬网格便会世界地图的方法，并全面改绘了爱奥尼亚地图）二书。他首先创用了“地理学”这个词汇以取代传统的“地方志”概念，因此被称为“地理学之父”。

2 亚历山大图书馆（Library of Alexandria)：地球上最古老的图书馆之一，始建于托勒密一世（约公元前 367—前 283 年)，于三世纪末毁于战火。亚历山大图书馆收藏了公元前 400—前 300 年时期来自各国的大量手稿，据称其修建目的为“收集全世界的书”，实现“世界知识总汇”的梦想。

3 赛伊尼（Syene)：埃及地名，即今天的阿斯旺。

4 斯塔德（stadium，复数为 stadia)：古希腊长度度量单位，其确切长度至今存在争议。一说斯塔德是基于当时竞走跑道的长度，约等于 185 米。

5 可能是原书笔误，因为其他资料显示 5000 斯塔德是亚历山大到赛伊尼的距离，而埃拉托色尼估算出的地球周长应为 252,000 斯塔德。

我们所知，他的计算结果的偏差可能与实际地球的大小相差仅在百分之一之内（当然由于“斯塔德”的具体指涉长度不明确，埃拉托色尼的误差可能达到百分之十六，但这样的精确度也够惊人了）。数个世纪以来，学者们一直在设想从外太空观看地球，尽管在他们看来“太空”是由一种名为“以太”[1] 的物质构成、所有行星恒星都在一连串的同心圆轨道上旋转。地球围绕太阳运转的说法最早则是由萨摩斯的阿利斯塔克（公元前 3 世纪）[2] 提出，尽管他的主张直到很多年后哥白尼革命提出了一个日心模型，才终于得以广泛流传（当然，哥白



---

1 以太（luminiferous aether、aether 或 ether，一译为光以太）：古希腊哲学家亚里士多德所设想的一种物质，为五元素之一。19 世纪的物理学家则认为它是一种电磁波的传播媒质，后来该设想逐渐被科学界抛弃。

2 萨摩斯的阿利斯塔克（Aristarchus of Stamos，公元前 315 年—公元前 230 年）：古希腊第一位著名天文学家，历史上最早提出日心说的学者，也是最早测定太阳、月球对地球距离近似比值的学者。

尼的模型依然是有问题的：整个宇宙并没有一个中心点，太阳也并不比其他恒星更重要）。在这种学说中，地球迅速变成了万千行星中的一颗，变成了一个不再坐拥显赫地位的人类家园。伽利略[1]利用穆拉诺[2]出产的玻璃制作出更为先进的望远镜，并用它观测到了四颗围绕土星运转的卫星，这是首批人类所发现的，并非围绕地球运动的天体。此外，伽利略也注意到月球那布满坑洼的表面，并且意识到天空并不



1 伽利略（Galileo Galilei，1564—1642）：意大利数学家、物理学家、天文学家。作为近代实验科学的奠基人之一，伽利略对于物质运动、力学与宇宙系统的相关理论有着革命性的贡献——他总结出自由落体定律、惯性定律和伽利略相对性原理等，纠正了亚里士多德物理学中的一些错误论断，同时他通过望远镜观测天体，并以实际结果支持了哥白尼的日心说、反驳了被天主教会推崇的托勒密地心说。

2 穆拉诺（Murano）：意大利威尼斯潟湖中的一片群岛的统称，位于威尼斯以北约 1.6 公里。1291 年威尼斯共和国担心玻璃厂的炉火会引起布满木屋的威尼斯城发生火灾，下令威尼斯的所有玻璃厂迁往穆拉诺。从此奠定穆拉诺成为七彩玻璃制造业的中心。14 世纪，穆拉诺开始出口玻璃制品，以其玻璃珠、玻璃镜子和玻璃吊灯闻名。

像某些哲学家所相信的那样拥有完美的光明与不变的形态，与此相反，它充满了随着时间推移而不断变化的故事与传说。18 世纪的地质学总体来说是可信的，因为它为地球建立起了超越人类自身文明的漫长历史，将地球的年龄先是推向数百万年、然后是数十亿年。基于《圣经》的地球纪年显然要短上很多（而且一些基督教徒至今仍然坚持这一理念）：他们大体上将地球的历史估算为六至九个千禧年。对于地球的科学观测数据，一些机灵的《创世记》读者与中世纪神学理论家很快指出，无论如何，在第四天上帝造出太阳和月亮之前昼夜是不存在的，而人们并不能知道在那之前对于永恒且万能的神来说“一天”会有多长。一些人认为地球的年龄并不确定，而另一些人相信地球的年岁将无限延续下去。不论他人相信地球的年龄是什么样的，学者们则是通过岩石、地层与化石的文献，地表遗留的有关侵蚀、沉淀的痕迹还有可能重复发生的地质灾害来辨明这一问题。地球的时间当然不等同于人类社会所经历的时长，但人类的生命确实始终和这颗他们不能完全理解的地球捆绑在一起。

今天，我们延续了古时的传统提出了一系列问题：从我们的地球做了什么，它曾经是什么样到它将去往何方。数千年来，不管我们是如何渴望并设想从另一个角度（内部或者外部皆有），我们依旧受制于活动于地表时所获得的成果。现在，随着科学技术提供的新的观测结果，我们在理解地球这一方面也正不断取得突破。我们整合吸收有关地球知识的速度已经跟不上在理解地球系统方面所取得的进步，这也是人类对科技所带来的“无所不能”略显幼稚的感受的一部分。

物理测量法为我们提供了一些有关地球的

最深入的理解：通过测量、分析海底岩石在第一次成形后的凝结过程中所保存的地磁场信息，我们能够证明板块构造的学说。[1] 相对于人类的一生而言，地球表面这些坚硬、冰冷的大陆板块移动得太过缓慢以致无法直接观测，但是海底的这些被不同程度磁化的岩石带却能显示出它们是如何随着时间变化形成的，这种记录清晰明了，就像是刚织出的毛毯上的条纹一



---

1 板块构造论（plate tectonics）：由剑桥大学、普林斯顿大学和拉蒙特-多尔蒂地球观测中心的数位学者于 1968 年共同提出的一种新的地球板块构造学说，是对 20 世纪 60 年代的大陆漂移说和海底扩张说的补充与发展。该学说认为，地球的岩石圈被地壳的生长边界（主要为海岭和转换断层）与消亡边界（主要为海沟和造山带、地缝合线等构造带）分割成许多构造单元（即板块），而全球的岩石圈可以被分为亚欧/欧亚板块、非洲板块、美洲板块、太平洋板块、印度洋板块和南极洲板块六大板块。一般而言，板块内部的地壳比较稳定，板块与板块之间的交界处是地壳活动比较活跃的地带；地球表面的基本面貌，是由于板块间相对移动而发生的彼此碰撞和张裂而形成的。在板块张裂的地区，常形成裂谷和海洋，在板块相撞挤压的地区，常形成山脉。当大洋板块和大陆板块相撞时，大洋板块因密度大、位置较低，便俯冲到大陆板块之下，这里往往形成海沟，成为海洋最深的地方；大陆板块受挤上拱，隆起成岛弧和海岸山脉。

般。而能够取得这些结果，不仅需要可以拖拽水下磁力计的远洋船只，同时也需要一个富足到能够仅仅为科学观测就派遣这些船只出海的人类文明。更重要的是，它需要足够的想象力，从而在获得数据之后在脑中创造出这些数据产生时的情形，并且能找到一定的途径来检测数据的准确性。这种基于科学的学习方式需要惊人的想象力与创造力。



地震充满了奥秘，同时也非常可怕，而它又贯穿了整个地球的历史。绝大多数地震发生在板块之间发生运动的交界处。时至今日，我们仍无法预测地震会在何时发生。两个板块之间的拉力以它们每年移动几毫米的速率在缓缓积蓄，而我们依然不能以科学模型来模拟“张力达到极限、地层发生断裂、猛烈的地震波从此处向外扩散”这一地质活动系统的复杂性。在某种意义上，我们今天面对地震时的地位和

15

身处人类文化初期时并没有很大的差别：它们带给我们无尽的恐惧与死亡，可我们只能被动地等待下一次灾难的降临。从板块断层处散发的波动不仅造成了鸟群的反常起飞与房屋的倒塌。有些地震波只能沿着岩层与空气间的交界面传递（最正常的面波），其他地震波则向任意方向扩散，因此有些地震波会通过地球内部各地层间的边界向下传递、或反弹回来、或沿着一定的方向移动、或直接穿透过去，并最终在地表不同于震源所在地的其他地方爆发出来，这其中包含了各种各样的它们所穿越的物质的信息。因此，地震使我们能够对地球进行如同无辐射医学扫描般的断层成像分析。



回到18世纪，对地球密度的估测表明了它拥有一个密度极大的地核，同时这个核心肯定是由星球上形成的最常见的一种密致物质——铁——所构成。在20世纪30年代，丹麦科学家英厄·莱曼[1]利用地震波发现了地球地核在固态铁的包裹之下还有一个液态的内核。这个内核是地球内部唯一的液态存在，其余的部分——包括金属外核以及厚厚的岩石地幔——都是固态的。在数十年详尽的模拟实验与科学观测后，想象力再一次实现飞跃，并使得我们理解了岩石形态的地幔尽管是固体，依然可以像液体那样，随着地质时间的推移缓慢地流动。地球内部极高的压力与温度使得晶体变形，并制造出在地幔中大股涌动的岩浆，那样的情形就像是以超慢速度流动的糖浆。



当有如花岗岩质里程标记般的、经过精密测量梳理的数据出现，并摆出有关行星形成过程与年龄的事实时，我们的想象力会发生哪些

1 英厄·莱曼（Inge Lehmann，一译雷曼，1888—1993）：丹麦地震学家。她于1936年发现了地球的地核不是单一的熔融球体，而是有物理状态相当不同的内核和外核两层。

变化？答案是，我们的创造力将会被进一步激发。科学的进步离不开天马行空的想象力，而对事实的观察则引领我们实现更大的思维飞跃：每当我们观察到一种新的自然现象时，就能看到曾经无法想象的事物——木卫一上的硫磺火山；地球的液态内核；几乎所有恒星都有行星围绕其运转的事实；能够在高于水的沸点的温度中、在核反应堆核心中、或在数千米的地下生存的细菌。然后，在这些事实的刺激下我们的想象力又提升到了新的高度，就像是我们一直在面临着挑战，并不断让自己变得比这片宇宙更有创造力一样。人类怎么能抵抗这种不断进步的诱惑？又有谁能抵抗呢？

# 关于地表（为什么地球如此独特?）



亲爱的杰弗里，



最近我一直致力于一项有关地球上水的来源的研究。为什么我会对这个课题如此感兴趣？因为长久以来，“我们是否宇宙中独一无二的存在”，始终是人们不断思考、追问的重要问题之一。而作为一个物理学家（而不是哲学家、诗人或者布道传教的牧师），我在意的是，生命存在的必须条件是什么。对于所有生命体而言，已知的一项最基本要素就是水。因此人们普遍认为，一颗可供生命居住的行星必须要拥有液态水。基于这一理解，我决定从行星形成的步骤着手探讨，希望能弄明白在这些阶段中地球是否可以获得并贮藏水，并将我们对科学的认识向前推进一小步。

让我们回到这个问题：为什么我对水的来源感兴趣？原因在于（同时也是这个疑问的核心），如果说在太阳系形成早期，类似地球的行星会在岩石物质沉积的自然过程，而不是后续的某些偶然事件中获得水，那么宇宙中的所有岩态行星都很有可能有水，并且适合生命居住。反过来说，如果只有在行星成形后的某些过程中才有一定概率获得水，那么计算宜居岩石行星的数量就会变得困难许多，同时某颗特定行星适宜居住的可能性也会大大降低。

18

有一件事是我们进行科学研究时不常提及的，那就是这些科学思考中实际上也包含了一定的情感活动过程。当我们在思考（或者说希冀着）所有岩石行星都很有可能曾经拥有，或者依然拥有海洋时，我们在想象，想象我们正注视着这些行星，观察早期生命形态的出现，盼望着有一天能够造访它们，或者至少通过某些手段成功观测到它们。这些情感深深植根于我们的本性之中：对于发现新事物的喜悦，以及渴望去看、去旅行、去探索的强烈好奇心。我们对于地外生命的存在抱有极大的希望，而在思考宇宙的浩瀚无限时，我们将会获得更多愉悦。



然而，当触及探索规模的实际困难时，我们体会到的是莫大的失落和沮丧。我们还不算是真正的宇宙探索者，至少在肉体层面上不算是。我们把目光投向外太空，我们发明了各种技术设备，使得对地球内部的勘探到达一定的深度，但时至今日我们仍不能进入某些可以观测到的环境中去亲身体验。区区数千米已经是钻探地层的极限，遑论以肉身深入地壳以下：现阶段没有技术允许人类在那样的高温和高压下活动。就连探索地表的高山山巅和冰冠，也不是大多数人有实力和决心能做到的——有的时候，步行到商店都可能是件艰难的任务。对于实地调查和抽象地探索这两种方式，你是怎么看待它们各自的好处与不足呢？它们又分别揭示了哪些事实？

19

再一次回到水的来源问题上。我的同事们通过测量流星体和小行星中含有的水，并将其与地球上的水进行比较，发现地球拥有的水和这两种岩石构造天体中的水是相同的，而不是与彗星中含有的水相同。（我们曾经接受的是这样一种理论——也许你也是这样被教育的？——在地球形成并冷却之后，最初的水是由撞击地球的彗星带来的。）我已经可以运用计算机程序证明，即使地球是被多次无法想象的剧烈彗星砸成现在的形状，在这样规模的大冲撞之下，地球拥有的水依然可以得到保持。接下来是我最喜欢的一个部分：NASA（美国国家航空航天局）对于水星、月球和火星的勘探也可以说明，这些天体上的水并没有在形成过程中全部散失。现在我要拥护并积极传播这个理论了：行星是在常见的形成过程中，而不是后来的某些机遇中获得了水，因此，全宇宙中的岩态行星都有可能拥有液态水的海洋，进而有可能孕育生命。

琳迪



亲爱的琳迪，

收到你这封信的时候，我正在思考一个问题。你在信中讨论地球上的水，并且相信地外生命的存在，而我在思考的是洪水。你指出了我们曾相信海洋中的水来自于地球之外的其他地方——彗星携带水分，撞击了原始地球干燥的表面，这才使生命的出现成为可能。而我一直在写文章讨论那些源远流长的洪水传说——它们至少流传了四千年，几乎和我们能以文字记叙、传承记忆的历史一样长——这些故事拥有相似的基本情节，即大量的水从别的什么地方涌来，不过在不同传说中，洪水以不同的具体形式发生：例如史诗《吉尔伽美什》[1] 和有关





1 《吉尔伽美什史诗》（*Epic of Gilgamesh*）是已发现的最早英雄史诗，最早应诞生于苏美尔时期的第三乌尔王朝（公元前 2150 年—公元前 2000 年），以楔形文字写成刻在泥板上，而它所记叙的历史时期据信在公元前 2700 年至公元前 2500 年左右。史诗主要讲述了在苏美尔时代的英雄国王吉尔伽美什与挚友恩奇都的传说事迹，并汇集了两河流域的其他神话传说。在《吉尔伽美什》中有部分情节涉及大洪水的传说：众神之王恩尼尔决定用洪水毁灭世界，而水神伊亚建立方舟以保护人类与其他动物，该段内容与《圣经》中诺亚方舟的故事很相似，因此有学者认为，《吉尔伽美什》中关于洪水的叙述应是《圣经》洪水故事的原型。

诺亚方舟的故事[1]，都包含了对于洪水淹没大地的远古记叙。《圣经》中水的来源和存在是复杂的。在《创世记》一章里，天地依照耶和华的旨意被创造出来，但是水似乎早就存在了。在真正的创世开始之前，它是一片广阔的混沌深渊，而神的灵运行其上。(创世记 1∶2) 之后当神用洪水净化人间时，不可阻挡的洪流同时从天穹倾泻而下、从海底乘漩涡翻涌而上。你写到了水赋予生命以诞生的希望，因为如果没有一氧化二氢这种化合物，任何已知的



1 大洪水与诺亚方舟的故事见《旧约·创世记》第 6 章至第 9 章。耶和华不满人间充满各种邪恶行为，决定利用大洪水消灭所有人类、净化世界。同时他发现，人类中尚有一位正直善良的人诺亚，于是指示诺亚建造一艘方舟，带着他的家眷以及各种动物（每个物种雌雄各一只）登上方舟躲避灾难。大洪水淹没了最高的山，在持续了两百余天后开始消退，放置后也在阿勒山附近停下。诺亚为了解洪水是否退去放出了鸽子，第一次鸽子没有找到陆地飞了回来，第二次鸽子很快衔着橄榄树的枝条飞回，诺亚得知洪水已经退去，第三次鸽子放出后就不再返回方舟，于是诺亚一家与各种动物离开方舟。重返陆地后，诺亚向神献上祭品，耶和华也以一道彩虹许诺不再用洪水毁灭世界。

生命都不可能出现。可是为什么我们又经常把水与涤荡地球、灭绝生灵联系在一起呢？这封信写在卡特里娜飓风[1]十周年纪念期间，这也使我回想起，我们是如何迅速接受了一个事实：洪水总是不可避免地夺走我们同胞的性命。水是生命的先决条件，但我们依然不断屈从于它自古就在扮演的死亡使者的角色。在很多时候，这些古老的故事并没能帮助我们做出更好的改变。



1 卡特里娜飓风（Hurricane Katrina）是2005年于美国东南部登录的五级飓风，也是美国1851年有历史记录以来遭受过的三次五级飓风之一，其最大风速历史排名第二。2005年8月24日，第12号热带低压增强为热带风暴，并被命名为“卡特里娜”，并在次日持续增强为飓风，以一级强度在美国佛罗里达州登陆。在穿越佛州南部后飓风进入墨西哥湾并迅速增强为五级飓风，并于8月29日早晨以三级飓风强度在路易斯安那州登陆，当日在路易斯安那州和密西西比州之间第三次登陆。卡特里娜在美国路易斯安那州新奥尔良造成了严重破坏，其影响范围包括美国佛罗里达州、路易斯安那州、密西西比州、阿拉巴马州以及巴哈马、古巴等国，整体受灾区域面积几乎与英国国土相当。此次飓风还造成1800余人罹难与约812亿美元的经济损失，被认为是美国历史上损失最惨重的自然灾害之一。

看看我们是如何讲述全球变暖的吧：极地的冰川将会融化；海平面将会上升；都市将被浸没在水下；整个地球将变成被汪洋覆盖的行星。我认为我们形容气候变化的主导模式来自诺亚的故事，人类不过是在将神话转换为科学的表达。虽然我们生活在一个貌似世俗化的社会，可我们依然在重复着继承自祖先的末世预言，并没有认真思考这样的故事里还可能隐藏别的什么信息。基督教的神学理论高度赞扬了诺亚的虔诚与依顺，而犹太教与伊斯兰教的传统对此的态度可能会更暧昧一些。比如犹太教的圣经注释《米德拉什》[1] 就将诺亚形容为仅





---

1 《米德拉什》(*Midrash*，音译自希伯来文)：意为“解释”或“阐释”，是犹太教对律法和伦理进行通俗阐述的宗教文献。全书雏形出现于公元 2 世纪，成书于公元 6 至 10 世纪之间。《米德拉什》的内容分为《哈拉哈》(*Halachah*) 和《哈加达》(*Haggadah*) 两部分，但两者的主题思想并不是严格划一：《哈拉哈》意为规则，是犹太教口传法规的文献，为阐释经文的律法、教义、礼仪与行为规范，说明其生活应用；《哈加达》则意为宣讲，是阐述经文的寓意、历史传奇和含义等，并对逾越节的仪式和祈祷进行指导。

比他的同时代人更为正直，但比起亚伯拉罕等先知就略有不及。当上帝宣称要用洪水和烈焰毁灭索多玛和蛾摩拉[1]时，亚伯拉罕就询问上帝，是否要将无辜的人与罪人一并铲除。亚伯拉罕对于无上权威的挑战最终奏了效，从而拯救了无辜者的生命，而诺亚只是顺从地修建方舟，并任由大地被滔天巨浪淹没。我有一种预感：我们屈从于气候变化、面对洪水束手无策的一个原因，可能就是诺亚对灾难（神罚）的默许已经被内化为我们思维的一部分了。就这样，关于一个自私家族的故事演变为了整颗地球的故事。除此之外，我想我们应当意识到，在气候灾难来袭时，在经济与所处环境上处于劣势的群体总是被排斥于救援的方舟、或是自

1 索多玛（Sodom）和蛾摩拉（Gomorrah）：《圣经》中的两座城市，首次出现在《希伯来圣经》，《古兰经》中也有记载。两城里的居民因为不遵守神所设定的戒律、屡次犯下恶行，于是被上帝毁灭。后来这两座城市的名字成为罪恶之城的代名词。

保的社群之外。卡特琳娜飓风后的余波已经给了我们惨痛的教训。

因此，围绕着地球这一对象，我们两人在共同编写一本书，而现在我们陷入了一个困境。[1] 或许是由于水这种元素和地球作为一颗行星的定位有着太过紧密的联系吧：地球就像一个蓄水池，各种材料填满了它的内部，星球表面的四分之三都被水所覆盖，陆地仅占据剩下的四分之一。或许“地球”这个称呼并不准确，我们应该叫它“水”之行星。衡量标准的变化意味着决定地球“性质”的物质的变化，也意味着在“有机”与“无机”、在生命的希望与灭绝的威胁之间的来回变动。

杰弗里



1　此处原文为“in deep water”，具有双关意。

22 亲爱的杰弗里，

我现在正在亚利桑那州的沙漠里，今天的气温有117华氏度（约合47.2摄氏度），打破了历史纪录，所以水变成了一个令人十分忧心的话题。美国西部诸州都在面临干旱的困扰，而我们都在过度消耗现有的水资源。我们都知道水太少了。院子里的弯嘴嘲鸫，甚至还有蜂鸟都在大张着喙喘气，并飞来喝留在屋外的平底锅里的水，而我们只能怀着沉重的心情经过了潮湿得难以令人忍受的高尔夫球场。即使如此炎热干旱，这片小小沙漠里的水依然在维持着许多生灵的生存——不仅有人类，还有丰富程度可能超过新英格兰森林里的喜水群落的动植物们。

亚利桑那远比月球，也比火星湿润。尽管如此，我们依然致力于在火星上寻找生命存在的证据，希望它曾经拥有更适宜生物居住的环境，又或者某些极其顽强的微生物至今仍在冻结的高浓度盐水中生存。最后，还是水让我们的地球在太阳系的其他行星中如此独特。

看到你在信中把水形容成一种复杂的存在时，我认为你是正确的。我们的生存离不开水，我们总是在说地球上有许多水，然而不知为何，我们正将它消耗殆尽。在你提供的神话与故事中、在我们读过的新闻中，甚至（更糟的是）在我们的城镇中、街道上，洪水毁坏物体、淹没一切，带给人们无尽的恐惧。水从我们的梦境与图片中滴落，就好像它在我们体内流过、灌溉我们的田地、奔流于我们的树林间。水对我们的身体、灵魂以及这颗星球上所有的生命都至关重要。



科学家和我们不同，他们不太经常谈及美。但是，“美”在所有领域中都占据了中心

23

位置；它是驱使我们去研究、反思做过的事情的情感与反应。在数学家眼中，美是简洁明了。对于那些研究自然科学的人来说，流体（不论那是火焰、云层、岩浆还是水）的运动之美令人沉醉。在《敏感的混沌》中，西奥多·施旺[1]就曾哀叹，人类已经遗失了触及水的灵魂本质的能力，但是我很怀疑他的这一观点。我们就像是居住在这颗蔚蓝地球上的鱼类，时刻都对水充满了敬畏之情。



地球上到底有多少水？这个问题似乎很容易导向某种充满诗意的答案。地球比我们周边的所有行星都要湿润，但比起太阳系外的那些被冰雪、海洋所覆盖的卫星就要干得多了。

---

1 西奥多·施旺（Theodor Schwann，1810—1882）：德国生理学家，细胞学说的创立者之一，普遍被认为是现代组织学（研究动植物组织结构）的创始人。其主要贡献为发现施旺细胞（末梢神经系统中的一种细胞）、胃蛋白酶，他通过研究指出动物细胞与植物细胞一样拥有细胞核，并创造了术语“新陈代谢（metabolism）”。

“地球上水很多”的结论是相对的，同时也与我们人类的感知有关。我们认为地球内部远比其表面干燥，如果目前对地球内部的探究解释正确的话，那么水是在火山活动过程中被排出内部，并且没有被太阳风暴吹离才最终汇集于表面的。这薄薄的一层水包裹着干燥、灼热的地心，并在大气层微弱的保护下幸存下来，我们现在才能依靠它生存，并在江河湖海里畅游。



也许这可以回答“为什么生命诞生在地球”这一问题。我们生活在一个对于宇宙而言瞬息便会干涸的池塘中，当然在生命更为短暂的人类看来，地球上的水是取之不竭的。

我在（相对来说）特别干旱的亚利桑那州，向你致以最诚挚的问候。

琳迪

24　亲爱的琳迪，

这就是为什么我建议改称地球为“水球”——它的表面是如此湿润。其他人也有过把地球重命名为“海洋星球”的提议，而你的信进一步澄清了这一问题。如果我们要为地球重新想一个与水有关的名字的话，那应该是更为简陋的“水坑”。地球上的水只是看起来很多罢了，而地球的历史更多与岩石有关，而不是海洋。那么为什么我们会有如今的各种举动，仿佛这个缓慢枯竭的、寿命短暂的池塘真的是一个永远不会耗尽的资源？为什么要在相对而言十分干旱的亚利桑那修建、保养一座高尔夫球场？为什么我们要如此浪费一种有限的自然资源？也许，部分原因在于亚利桑那并不是这地球上的“一部分”。

我这么说是因为，亚利桑那和华盛顿特区

（我现在就在这里给你写着回信，作为夏末的早晨，今天的空气罕见地凉爽，并不潮湿）通常被认为相距甚远、彼此间并不接壤（尽管它们是同一个国家中的两个州），以至于人们总是很轻易地忘记了宏观上这两个地区同处于一套紧密相连的地质系统（两地位于同一板块上，而且还是同一个岩石圈的组成部分）与气候系统（我们头顶的对流层是共享的，它也是一个稍纵即逝的存在）。昨天晚上我们在华盛顿看到了最壮观的日落，燃烧火焰一般的橘黄色中点缀着玫瑰色与深红色，这种强烈的色彩是由从太平洋西北部飘来的烟粒子形成（那里在经历长时间的干旱后爆发了一场大规模的山火）。今晚我们要飞往波特兰送儿子去大学。在去机场前，我们听到了在那座城市活动会吸入大量烟尘的健康警报。凤凰城里浇灌高尔夫球场的洒水器与曾经拥有葱翠树林、如今业已干枯的地带实际上是同一个问题的不同方面，是（根据所谓气候、生物群态、行政州划）人为割裂而成的、如今重叠在一起的“区域”。我们总是在浪费、在污染，因为我们只能看见眼前的一小片草地、溪流与天空，却意识不到它们可以延展至更广阔的天地。或许，我们需要某种令气候变化的因果更易于理解的思考来打动我们。



厄休拉·K·海泽[1]在《地区的意义与星球的意义》中提出这样一个论点：人们对于自己所居住地域的热爱不大能转化为对整个世界的关注。人们曾经认为，对家乡周围的森林、河流、沙漠、岩石的感情将必然激起珍视自然、保护自然、停止危害全球生态环境的愿望。然

1 厄休拉·K·海泽（Ursula K. Heise，1960— ）：学者，现就职于美国加州大学洛杉矶分校英语文学系及环境与可持续发展研究院，2011年古根汉奖学金（人文类）得主。

而大量证据显示的是，拥有全球视野的开端并不一定是富有激情的地方保护主义。那种被大肆吹捧的与自然的纽带往往是一种对美丽的松树、沙丘、雄鹰或河狸的肤浅喜爱，同时它也令人误以为能借此克服隔阂、资源主义（将自然界的一切都视为供人类使用的资源）以及过度索取其他地区资源等现象。我们依然孤立于自然之外……而我们还以为自己知道使用“自然世界”这个词意味着什么。那么它到底是什么意思呢？尽管世间万物确实是互相联系、互相影响的，但在任意一段时期内，只有一些联系明显可知并能促使我们采取行动（比如说，某些消息也许会使我们停止在沙漠里建造高尔夫球场、停止在全球范围内过度依赖石油燃料）。海泽在她的书中呼吁一种“生态世界主义”，在这一理论指导下我们将不在仅仅着眼于干旱的亚利桑那与潮湿的华盛顿，而是转向被人类政治与文化活动与它们带来的全球范围毁灭性后果（而不是被自然界的洪水）所吞没的地球。或许行星科学还能再为这场已经偏向人文科学的对话增加点别的什么？比如再增加一些与这颗行星本身有关的内容(尽管我们已经说了足够多)？你之前写到想象力可以推动科学的发展，而现在我在思考，想象力是否真的如此必要，或者说由于想象力是如此的以人类为中心、如此的受限于各种条件、如此地褊狭，它是否真的会像你形容的那样运作。

写于华盛顿特区，此时我们一家正在准备搭乘飞往波特兰的飞机，那里将会是一个思考水资源、思考身处于彼此关联的生态系统中感受如何的好地方。

杰弗里

亲爱的杰弗里，

你随信寄来的全家送儿子去大学的照片看起来真令人愉快，同时也令人印象深刻。这是你们勇敢又才华横溢的男孩离开温馨家庭生活、开始自己旅程的关键时刻。我们都知道这样的时刻犹如一块块碎片组成了我们每个人的一生。至少对我来说，每一个碎片都会出乎意料地出现并带来全新的感受，在它降临之前我完全无法预计会有什么发生。

在你与家庭共处的时光中我看到了我们需要应对的话题的全貌。作为人类，我们理解事物的规模实在是太有限了。我们能感知、了解最多的是现在，对于过去和未来所知道的就都会少一些。我们为家人和自己做几个月内甚至几年内活动的规划，但它们只会越来越模糊，而我们对这些计划的信任度也随之不断降低。

27 今天我们很热、很渴，所以我们喝了很多水、在泳池里游了一会儿，因为喜欢某些植物的外观，我们给它们浇了水。我们想要享受一个美好的下午，我们也习惯于和生意伙伴一起打高尔夫球，所以我们就这么去做了。整个社会用完水资源所需的时间对我们来说过于含糊不清，而且和我们的午后时光似乎没什么关系。

接着是长度的问题。人类对时间的体认已经够糟糕了，对于长度、形状、体积同样无法非常精确地感知。我们关于步行或骑自行车行经的距离的感觉还比较准，对于驾车行驶距离的感觉就明显与实际长度有了差距。人类无法真正了解星球这一级别规模的运动过程，无法真正亲身了解地球的具体形状、地球上水的总体积还有大气层的厚度。想象一下，我们眼里无边无际的海洋与高悬于天穹的大气只不过是覆盖着地表大量岩石的、仿佛薄如纸张的、寿命短暂的水塘！我们俩写下这些语句，但要完全消化它们很难，除了一声轻笑我们很难给出其他的对应方式。我们是怎样处理这些信息的呢？



这就是为什么我认为对自己所居住地域的热切关心无法扩展到整个世界。我们无法理解地球的规模，从而无法同它建立情感上的联系。我们喜爱与我们共同生活的动植物、关心身边的邻居，但对于在时间、空间上过于遥远、巨大的地域，想要真情实意地产生个人层面的感情很难。我们怎样才能以一种个人化的方式去关注未来呢？我们可以用抽象的方式去描述它，我们也可以感到愧疚，但我们很难像把儿子送入大学时担心他的生活那样去担忧世界的“未来”。

28 接下来的挑战就是去迎接（我厚脸皮地将之称为）信念的飞跃。我们需要去想象可爱的、强调个性的、充满希望的、积极的未来的自己。我们需要去想象未来想要居住的世界是什么样的，并付诸努力去建设它。我们需要让我们的信念去克服人类能力的不足、去克服行星巨大的规模带来的认识壁垒。



从对于有限资源的关心与间接的讨论出发，我希望对地球的理解能够上升到对其规模的广大与美丽的认知。正如参与阿波罗计划[1]的飞行员有史以来第一次让我们看见的那样，我们所居住的星球是一个非常美丽的地方，我们也将继续尝试着去观看、理解它。

---

1 阿波罗计划（Apollo program）：美国从 1961 年 5 月到 1972 年 12 月（第六次登月成功）间组织实施的一系列载人登月飞行任务，目的是实现载人登月飞行和人对月球的实地考察，为载人行星飞行和探测进行技术准备，是世界航天史上具有划时代意义的一项成就。阿波罗计划历时约 11 年，一共执行过 17 次任务，其中包括了 11 次载人航天飞行。

向你致以最好的问候，这周我要过50岁生日了，也希望你的生日也会过得开心——我已行至人生的中点，我想或许这一生命旅途的特殊时刻将会赋予我有关时间的新的理解吧!

琳迪



亲爱的琳迪，

祝你生日快乐!我自私地希望你还没有到中年，因为我想要让这些信件在我们之间永远地传递下去。在完成了这本有关地球的书之后，我们是不是还应继续围绕行星系统、银河、宇宙继续讨论呢?还有，我们怎么能避开探究微观世界、只着眼于宏观事物呢?“知物”系列的下一部说不定就是让我们合作编写一本关于基本粒子，或者微生物的小书呢。

当然啦，我是在开玩笑——虽然在说起思考“巨大”物体（比如作为整体的地球，或者是遥远的未来）时我确实是认真的——而考察“大”同样离不开思考距离与不可思议的微小之物：比如某些瞬息万变、难以理解的存在（像是我们无法看见的元素），我们之外的生命，还有那些与我们密切相关的时间、地点，由于它们不存在于可亲身触及的当下，所以它们就显得不像我们的邻居、本地的资源或手边事物那样地重要。但是，它们确实是非常重要的。这恰恰就是你所形容的“信念的飞跃”所要求的、人类应当具备的素质：接受我们与各种未知事物互相关联的关系，认识到从水龙头里喷涌出的净化水不过是我们把存在于濒临枯竭、被塑料污染的海洋中的一种物质加以简单改造的产物，认识到我们的注意力已经离开了依赖海洋提供的养分的动植物乃至人类，认识

29

到作为一个孕育生命、包裹着大半地球的水坑，海洋资源正在以极快的速度被我们消耗、挥霍。行星伦理学会在每次我们在泳池里畅游、进行某些体育运动、浇灌家中植物时突然冒出来令我们反省自身，这样想是有些奇怪。但是这一信念的飞跃同时也是向哲学命题、向理解地球规模的飞跃。我并不确定地球作为一个对象——一个整体系统、一个可以独立存在的物体——它本身意味着什么。



或许，地球本身什么也不是。地球并不是独立存在的，它也不是一个可以被单独拎出来的对象，尽管那些阿波罗计划中拍摄的地球照片为它赢得了空寂、宁静的印象。我最喜欢的一张有关宇宙的照片是威廉·安德斯[1] 在1968

1 威廉·安德斯（William Anders, 1933— ）：NASA（美国国家航空和宇宙航行局）宇航员，是美国第一次载人航天飞行的宇航员之一，于1968年执行“阿波罗8号”任务（第一次载人环绕月球飞行）。

年拍摄的，它现在的名字是《地升》[1]。在那张照片上是一颗泛着明亮蓝光的球形天体，犹如渐盈的月亮般半掩在阴影中，悬浮于满是灰尘的月表上空。是的，我说的是“悬浮”：地球挂在一片漆黑的“天空”中，沉静而孤独。《地升》被形容成史上被复制次数最多的照片，同时它也极大地推动了全球环境意识的觉醒。然而，图片是具有欺骗性的。当“阿波罗 8 号”在距月球表面有一定高度的位置运行时，宇航员安德鲁见证了地球影子般从月球的一侧出现（他当时是以月球的两极为参照，所以地球是从右向左“升起”而并非“凌驾于”任何物体之上）。安德鲁的照片在发表时被旋转了九十度，从而呈现出它如今具有的标致性的景

---

1 《地升》（*Earthrise*）：由威廉·安德斯于执行“阿波罗 8 号”任务时拍摄的照片。照片中包含了部分月球表面与地球，看起来就像是在月球上观看地球升起一般，因此得名。

观。就如同人类观看月亮缓缓从地平线上升起那样，地球也在某种仿佛身处地面的注视下徘徊于黑暗天空，我们的视角发生了转换，令我们既熟悉又陌生，并最终使得这张照片具有了某种情感层面的力量。我们已经习惯于把月球而非自己身处的地球想象成一个在空间中做着什么事情的美丽的对象（而在《地升》中月球似乎变成了某些生物居住的行星）。这或许只是一个很小的点，但它揭示了一个道理：地球作为一个对象、一个物体而出现，总是有一个在意识中“正在产生”、“正在发生作用”的过程。《地升》照片中那营造出艰深、神秘的浩瀚无尽感的黑色背景淡化了某种人力参与的色彩——或许，这其中也暗含了某种人类渴望一个不会被人类活动过度干扰、没有被污染的、永恒不灭的、总是会从那片月球的天空上升起的美丽家园的梦想吧。

和后来的《蓝色弹珠》（1972 年，拍摄于“阿波罗 17 号”执行任务期间）相似，《地升》的图像没有表现地球自身持续不断的、令人头昏眼花的运动。地球在宇宙空间中高速移动，在一个我们称为“太阳系”的、有着稳定同心圆圈结构的涡旋中转动，但这一切都是太阳、银河系的引力以及各种各样的能量互相作用的结果，关于这些，你比我知道得多得多，琳迪。每一张将地球塑造为孤独、静止的星球的图片都是错误的。我倾向于把太阳系想象成一场飓风中各种粒子的集合，一个在空间中旋转的、由各种球体组成的漩涡，而不是一个围绕着中心的太阳静静运行着的天体系统。

31



地球永远都不可能作为一个单独的对象存在——这也是我不认同詹姆斯·洛夫洛克的盖

亚理论[1]的地方。洛夫洛克把地球看成一个闭合的系统，像是会呼吸一般生机勃勃、主动针对各种变化作出调整，如果各种物体间能达成微妙的平衡，那么这一状态就可以长久地维持。他笔下的地球就像一个复杂的单细胞生物。人类是一种具有很大破坏潜能的存在，甚至可以说是某种恶性病毒，在不加节制、肆无忌惮地增殖后把它们可用的资源耗尽，最终自取灭亡。但是，没有一种有机物是与世隔绝的，一颗行星更不可能像一个孤立地自我调节的有机体那样运转，或者能持久地保持平衡。每当极光在极地闪耀时，难道我们不会想起地



1 盖亚理论（Gaia Theory）：又称盖亚假说（Gaia hypothesis），由英国大气学家詹姆斯·洛夫洛克（James E. Lovelock，1919—　）于20世纪60年代末提出，其命名来源为希腊神话中的大地女神与众神之母盖亚。该理论的基本观点为：地球可以被看作一个有自我调节机制的有机体，地球上的一切生物与整个自然系统之间存在着复杂的相互作用，而这些相互作用使地球保持着类似生命体的整体平衡状态，从而保证生命的正常存续。

球的大气层是多么不稳定的一层薄膜吗？那些碧绿或紫色的光芒是拜太阳所赐，我们的星球围绕着它运转，它的热度使我们能够生存，但极光提醒我们，这是一颗并不会偏爱我们的恒星。太阳是一颗燃烧着的天体，它也仅仅是一颗燃烧着的天体。有时太阳风会向地球倾泻带电的粒子，提醒着我们它可能会对生命造成何种危害。谢天谢地，我们有大气层，以及作为孕育生命的水池的地球。没有一颗行星或恒星能够永远存在，但信念的跳跃使得我们不断告诫自己，正因为没有什么是永恒的，我们才不能让应由后辈继承的未来毁在我们的手上。

也许在一个重要的生日之后聊起这些想法是有些悲观。最近我也要到五十岁了，而我发现在写作时，想要克服取得重大突破的冲动变得很困难。好吧，事实上我说了谎：五十岁这个节点使我开始学会抵抗那种自己一直以来就



32

有那么一些的强烈愿望，因为人类——尤其是学者——总是受困于一种沉重的思维或写作方式，认为信念的飞跃并不会发生。我们依旧和地球牢牢绑在一起，并着迷于星球消亡的未来。倘若我们命中注定灭亡，那么我们就不必去在意自己究竟能做些什么。如果你读过《吉尔伽美什》中那段有关毁灭世界的洪水的描写，那么你马上就会意识到，长久以来人们一直都对于天启般的大灾难津津乐道。想要让信念的飞跃真正发生——对我们来说，想象地球就是把它长久却不甚坚韧的生命看成一个倏忽间就会消失的池塘——需要某种并非经由缜密推论产生的魄力，需要某种将我们拉出我们自身所处位置的东西。信念的飞跃也需要审美观念的跳跃：在那样的时刻，我们需要承认，人类居住在一个远大于自身的物体上，它的脆弱也超出我们所认为的需要为不相识的人类（还有动植物，甚至矿物）去保护它的程度，然后我们需要迈向一个依目前的知识水平无法理解的未来。

我正在思考昨晚我、妻子与儿子阿列克斯间的视频通话。他在俄勒冈州过得很开心。他刚刚结束了一场在圣海伦火山[1]的斜坡上举行的露营活动，他和他的年轻朋友们没有选择搭帐篷，而是睡在开口可以支起的小睡袋里，这样就能清楚地看见夜间的星空。第二天早上，阿列克斯经过了一番费力的徒步旅行，看到了火山在 1980 年喷发后造成的破坏：崩裂的山峰、大堆的火山灰、破碎的树木，一个在原来被森林覆盖的山坡的位置新形成的堰塞湖。阿



1 圣海伦火山（Mount St. Helens）：活火山，位于美国太平洋西北区华盛顿州的斯卡梅尼亚县，是喀斯喀特山脉的一部分。山名来自英国外交官圣海伦勋爵，他是 18 世纪对此地进行勘测的探险家乔治·温哥华的朋友。圣海伦火山最著名的一次爆发发生在 1980 年 5 月 18 日，是美国历史上死伤人数最多和对经济破坏最严重的一次火山爆发。

列克斯在很小的时候就很喜欢这个地方，因为在他四岁时，我为他读了一个有关圣海伦火山喷发的儿童读本。他迷上了故事中的那个警告 33 所有人灾难即将来临的地质学家，还有一位坚持留在他的拖车式活动房屋里的老人，他一直都住在那儿，而小屋也已和整座山峰的景观融为一体。火山喷发后，大量的火山灰埋葬了老人，故事到结尾也没交代他的遗体与小屋后来有没有被找到。当我把这段文字念给阿列克斯听的时候我很震惊，因为在此之前他听的是各种以重逢、胜利、揭示人生哲理为结尾的传说。他哭了，然后他就迷上了某人选择留守家园、哪怕一名地质学家告诫你要逃跑也绝不离开的情节。他要求我们一遍遍地念那个故事，而在他成了一名年轻的大学生后，阿列克斯自己去了那儿、完成了一场见证故事之美的朝圣之旅。他知道，圣海伦火山的魅力包括了它凌驾于人类之上的力量、无法预测的变幻莫测以及山坡上生长的生命的脆弱不定。它的雄伟庄严不在于它的永恒，而在于它随时都会发生变化、改变现有的模样。它拥有一段地质学意义上的寿命，而这生命也是地球生命的一部分。这就是为什么圣海伦火山值得我们去扎营游览、去漫步欣赏、去怀着敬畏之心拥抱它，但是火山(比如地球，如果把整个地球都看成一座巨型的火山的话）可不是一个安全、长久的家园。

世间万物的生命都是短暂的，未来也充满了各种不确定因素。正因为我们想要保护那些可供我们安然度过短暂一生的地点与时代，后来的人类也会拥有与我们相似的机会完成属于他们的信念与审美的跳跃。

让我们在一百岁时再回过头来看这些信件吧。

杰弗里

另，我今天读到了有关土卫二[1]的介绍，它是一颗围绕土星运行的水之卫星。尽管它被冰雪覆盖，在冰冻层之下有海水流动的事实依然令科学家们震惊。它送到太空中的冰层（仿佛像是老实泉[2]能冲出大气层一样）美极了。如果在我们到一百岁左右的时候，太空旅行已经发展到用着手杖、助步车的老人也能畅游太阳系的地步，那我们能不能计划在土卫二的那片冰冻之海上读这本书呢？就像你教我的那样，在那颗星球上也许会有生命存在呢。



---

1 土卫二（Enceladus）：土星的第六大卫星，得名于古希腊神话中乌拉诺斯与盖亚之子、巨人恩克拉多斯。它是一颗被冰覆盖的卫星，于1789年被威廉·赫歇尔所发现。1980年“旅行者1号”（Voyager 1）发现其轨道位于土星E环最稠密的部分，表面两者之间可能存在某种联系，而“旅行者2号”则发现其表面同时存在古老的撞击坑构造与较为年轻的、抵制活动所造成的扭曲地形构造。其后“卡西尼-惠更斯号”（Cassini-Huygens）探测器在土卫二冰层下方发现了多达101处的间歇泉喷口，这意味着它拥有更多的冰水成分，而且地下还有特殊的加热机制，可以将冰层融化，从而具备孕育生命的条件。

2 老实泉（Old Faithful）：位于美国黄石公园的一口间歇喷泉。自发现以来，它保持着每隔33—93分钟喷发一次的规律。

## 关于规模（阻碍理解的屏障）





亲爱的杰弗里，

如你所说，世间万物的生命都是短暂的，没有什么能安然挺过自身的末路，哪怕是这片地球港湾。可是，“世间万物的生命都是短暂的”又是一个如此充满相对性的表述。可以说，地球上与天空中所有的物体都有它们自己的生命跨度。

我在大学里教地质学导论课程时，会专门就规模问题进行讲授。宇宙的规模超出了我们目前能切身认知的程度，对于人类来说，银河系、太阳系，甚至是地球的规模都是很难理解的。我在课上说到了在理解这些天体时，我们需要把握令人吃惊的长度量级差异：从超显微级，到行星际级（从地球到月球有 380,000 千米，而到冥王星则有 46.7 亿公里），再到必须以光年为单位衡量的恒星际距离。



温度也是一个难以把握的课题。我们在实验室中藉由暂停原子运动制造出的最低温，不过是比绝对零度[1]高上十亿分之几摄氏度罢了；而人为制造的最高温，则是二十亿摄氏度（诞生于桑迪亚国家实验室[2]）。

36

接下来是时间。时间的跨度可以小到一秒

1 绝对零度（absolute zero）：热力学的最低温度（这是一个仅存在于理论中的下限值），是粒子动能低到量子力学最低点时物质的温度，等于摄氏零下 273.15 度。

2 桑迪亚国家实验室（Sandia National Laboratories，SNL）：美国国家核安全局（National Nuclear Security Administration）下属的三个研究发展实验室之一，创建于 1948 年，其主要研究目标是核武器非核部分的发展测试。

钟的一小部分，你想任意选取多小一部分都可以，大到我们所在的太阳系的年龄（45.67亿年）和宇宙的年龄（138.2亿年）。

我们要从哪里开始呢。首先，十亿实际上意味着什么？我们可以说出它、写下它（1,000,000,000）、计算它，但我们真的理解它所指向的含义吗？我们真的有“十亿是多少”的内在意识吗？最后，当我们身处于宇宙之中时，它拥有寿命又意味着什么？

数百年来，地质学以及天文学、宇宙学的许多方面都是落后于生物学与化学，而这种落后很大程度上是源于认识与探测规模的问题。人们通常很乐意去思考可以与身体直接建立关系的长度，比如用手掌去比划马的体型、以步数去丈量土地，而到了比一个足球场、一英里左右更远更大的规模时，我们就开始思考需要多久才能跨越这样的距离，而并不会是这个长度具体是多少。

对于温度，我们认为水结冰的温度很冷，而它的沸点热到令人无法忍受——而这仅仅是整个宇宙中存在的温度跨度中极小的一段，以至于我都不打算写出它究竟是多么微小到可笑。

我们的日常生活被各种以人类为中心的规模所包围。我们对秒、分与日的理解是基础的、出于直觉的。对“年”这一单位我们还有一些感觉，“十年”就有些模糊了。在这样的限制之下，我们怎样才能够理解一块岩石形成需要数百万年、地心可以深入数万公里，或者那些极其缓慢的侵蚀过程呢？观看有加速、放慢镜头的电影已经在一定程度上帮助我们将时间的推移概念化，可是这些并不是下意识的理解行为，而是由一种密切的接触发展而来的。它们是熟悉感而非真正的知性理解，是一种类似同情，而非共情（即能够亲身体验完整过程）

的心理活动。这是一种机械论之下的关系。

透视图，选自米利都的赫卡泰奥斯的世界地图，公元前6世纪。该图基于马可·普林斯和约拿·兰德茵所制作的GIF图像（原图取自www. livius. org，2006年12月13日）。

有一些自然过程和人类一样拥有它们的“生命周期”。一颗行星诞生了，在历经数十亿年的活跃之后走向消亡。恒星、星系、海岸线与大陆板块也有同样的历程。如何让这些漫长的“生命”与人类短暂的一生相交？在一些情况下，某些自然过程会加速至我们可以切身感受的程度。对于一位在切萨皮克湾[1]工作的船员来说，他/她会在生命中见证海平面上升、地面下沉共同导致的船只陆标的改变，而他/她会为不再熟悉的陆标感到怅然若失。

而在行星漫长的活跃期里，其他的一些现象则会以某种相对均匀的速率发生。大地震每年都会发生，人们记得它们是什么样的，而它们也随着自身造成的破坏被人们所熟知。大规模的火山喷发则是每几百年，甚至更长时间发生一次。一个人、一个社群遗忘它需要多久？如果一个事件会在某人的一生中发生一次，那么我们会期待它，但依然会为它的真正到来吃惊。如果一个事件发生的周期长于一个人的生命，那么年轻的一代就会想，它们不会再发生了。在人们开始感觉安全、在我们的



38

1 切萨皮克湾（Chesapeake Bay）：位于美国东海岸中部，其北半部位于马里兰州、南半部位于弗吉尼亚州，是美国面积最大的海湾。

意识认为某事不再会在某地发生之前需要过去多久呢？

这些就是规模的局限了。哪怕我们拥有超前的历史记录与科学研究成果，人依然是极小规模的生物。科学数据或许能显示冥王星在哪、全球温度在缓慢上升，或者是太阳最终会膨胀至某个点、为这整个恒星系画上句号，但是我们原生的灵长目脑干会明确地告诉我们，这些都不可能是我们作为人类个体的亲身经验。我们的经验只能是关于此地、此时的，而且关于它的记忆只能延续上若干年。

当我们在理解不同的规模、体量上取得小小进步后，我们就能体会到一种独特的美感。当一个完美的动画演示史无前例地令你对“月球有多远”有了一种感觉，你的毛发会因激动而竖立、一阵战栗会从头顶传至尾椎骨——你会在那一刻体验到某种个体思想的

“进化”。我想，这就是为什么学习，尤其是探索未知世界如此地令人着迷。作为人类，我们是天生的探险家，并且总是在努力发现新事物。

杰弗里，研究人类历史需要面对哪些有关规模的挑战呢？“一千年以前”是不是就像“十万公里远”一样难以触及？或者说，一旦我们离开了可以直接感知的规模，一切事物都会是同样地遥远吗？



在这个充满了哲学色彩的周六午后向你送上我的祝福，我对自己能享受思想上的探险这样奢侈的活动感到十分幸运。

琳迪

39

亲爱的琳迪，

你的信就在我自己的生日之前寄到了。地球围绕太阳的一圈公转马上就要结束了，而新

马克拉比《西塞罗〈西皮奥内之梦〉注解》(*Commentarii in Somnium Scipionis*)中的地球示意图，所引文献成书年代为 1150 年前后。来源：哥本哈根，丹麦皇家图书馆，手稿编号 ms. NKS 218 4°。

的一轮公转即将开始。依照我们的计算，这样环绕恒星的旋转地球已经完成了 45 亿次。我知道就地质学层面而言，我生命中的一年根本算不上什么。但就像你在最近的这封信里所写的那样，我们只能生活在“人类”这一物种能触及的规模之内，而无法达到和一颗星球平齐的程度，所以我会用一些美味的蛋糕来庆祝一年这个微小周期的完成。

过去的十二个月充满了各种各样的活动与难忘时刻。我搭乘飞机去了不列颠哥伦比亚省[1]的维多利亚市、缅因州、温哥华（而且去了两次!）、曼尼托巴省[2]、亚特兰大、尤卡坦半岛[3]、卡拉马祖[4]、日内瓦、伦敦、新西兰、波特兰、俄勒冈州还有英国剑桥。每个地方都有学者！有趣的是，驱使这些活动的原因与一类通常被认为是静止不动的物质相关。今年大部分的出差内容，是就我的新书《岩石：非人的生态学》举行演讲。我写了一本有关这种沉



1 不列颠哥伦比亚省（British Columbia）：一称英属哥伦比亚、BC省，位于加拿大西部。

2 曼尼托巴省（Manitoba）：加拿大中南部的一个省。

3 尤卡坦半岛（Yucatán Peninsula）：中美洲北部、墨西哥东南部的半岛，位于墨西哥湾和加勒比海之间，是古代玛雅文化的发源地之一。现今半岛的大部分属于墨西哥，中南部和东南部则是危地马拉和伯利兹的领土。

4 卡拉马祖（Kalamazoo）：美国密歇根州的一座城市，主要产业为制造业。

匍匐的物体的书，结果是我坐着飞机在地球上方度过了许多个小时。当然，我知道“在地球上方”的说法并不是那么准确。我意识到地球不只是地壳、地幔和地核，这种认识不比我对石头的痴迷程度低。如你在第一封信中所观察到的，地球同样包括了一片孕育生命的巨大水塘。倘若我们要把地球当成一个对象来思考，那么它也必然包含了一个有着不同分层的大气，里面包含着各式涌流、气体、有机物、极光和飞机。这种想法立刻就会让我们所讨论的事物扩大了一万公里的尺寸，不是吗？而且，外层大气与宇宙空间之间的界线好像也不是那么分明。从外部空间来看，地球作为一个对象是完整的，但它的边界非常模糊，由此，它的规模问题对于求知的人们是一个巨大的挑战。在地球表面繁衍的生命对环境的适应性也是如此。不久之前我刚刚读了一些资料，依据它们的介绍，名为“水熊虫”的极微小的虫子可以在太空中生存。毫无疑问地，我们已经把水熊虫和其他一些单细胞生物样本送入航空器中了。

我最喜欢飞机起飞、机头抬升的那一刻，它令人感觉自己仿佛挣脱了某种东西的束缚。我喜欢从舷窗向外看，注视着飞机穿过云层上升，还有不断扩张的视野。身处一个密封金属管中、在十五个小时内沿着地球表面的曲线行进的路程长度令我吃惊，哪怕我明白同飞往月球的宇航员或飞向冥王星的“新地平线号”[1]相比我根本不算是“在移动”。噢，说起金属和距离，在今年秋天我们交换这些信的时候，你



1 “新地平线号”（New Horizons，一译“新视野号”）：NASA 于 2006 年 1 月 19 日在佛罗里达州卡纳维拉尔角肯尼迪航天中心发射升空的冥王星探测器，也是目前人类发射的起始速度最快的太空飞船，其主要任务是探测冥王星及其最大的卫星冥卫一，并且探测位于柯伊柏带的小行星群。目前，“新地平线号”正在快速飞离冥王星、进入柯依伯带的中心地带。

提议将一艘机械太空船送往灵神星的计划[1] 也被敲定入围 NASA 探索资助项目的初选了。恭喜你！这颗小行星的名字是多么地富有魅力啊。根据我的理解，灵神星可能是一颗原行星核心的金属残余，所以它或许能为一窥地球的遥远过去提供一些有用的信息。我将会很乐意听你介绍为什么这一项任务很重要，还有通过了解灵神星我们能获得什么（从时间规模的角度来看）。探查一颗不适宜居住的天体，将会如何开拓有关地球的新知识呢？冲出地球大气的旅行是否总是指向回溯地球历史的愿望呢？

41

你问我研究人类历史需要面对哪些有关规模的挑战："一千年"是不是与"十万公里"

1 灵神星计划（Psyche mission）：NASA 主持的探索小行星灵神星（Psyche，得名于希腊神话中的爱神之妻）的任务，预计于 2023 年发射、2030 年抵达目的地。灵神星不同于大多数由岩石与冰组成的小行星，它是由铁和镍组成（与地球核心的成分相似），因此这一任务将有可能帮助科学家了解行星与其他天体的早期形成过程。

塞维利亚的圣依西多禄《词源》(*Etymologiae*) 所收 T-O 地图概略,12 世纪。来源：大英图书馆（记录编号：c 5933 - 06)。



有同样的认知隔阂？十万公里，这一地理跨度差不多是地球周长的 2.5 倍——对于一个踏遍万水千山的人来说，这个距离也算得上是非常远，但它并不是不可想象的。华盛顿特区与奥克兰间相隔 27744 公里，假设我乘飞机在美国和新西兰之间往返三次，然后加上一次单程的停留（大概折合为 3.6 次旅行，所以我也许最后会中途去一次复活节岛），那么我的行程就接近十万公里了。当然它会令我非常疲惫，并且无比渴望吃到比包在铝箔盒子中加热的、平淡无味的飞机餐更棒的食物。然而实际上我才不要接受以上的“旅行”，尽管这种乏味、疲劳又缺乏美食的飞行对于新西兰航空的机组人员而言已经是家常便饭了。所以，我能够通过以我自己的经验为基本单位去衡量、理解长距离，就如同你观察到的用手掌丈量马匹、用步数计算土地。“一米”也是一个以人类为中心的跨度，它差不多是一个人的双臂长度。于是我在想，一公里或者十万公里有没有推动我们走出人类既有的认知框架呢？我知道，它们都是基于十进制的计数法，而“十”成为计数循环的基本单位在很大程度上与我们的手指数量（而并不是一个数学意义上天然就有的概念）有关——但我还是忍不住想知道，这些宏大的单位是否帮助我们以更广阔的视野去理解地球，而不是将其缩小为一个思想中的玩具、一颗“蔚蓝的玻璃弹珠”？或者说，我们在自由惬意地谈论那些巨大的时空跨度时，是否必须要将它们缩小到人类可以切身触及的计量尺寸？如果是这样的话，那么地球当然是在我们的掌握之外了（哪怕我们已经从空间站、卫星和月球表面为它拍摄了不少照片）。一旦我们试图将自身置于地球之上或之外，一大堆难题就会涌现出来。我们总是试图想象自己不是地球的一部分，但是很可惜，我们始终无法从根本上摆脱“属于地球”这一个事实。



在我计算地球的最大横截面周长和飞去新西兰的旅程、试图在脑海中把十万公里切割加工的同时，我也在想在飞机旅行出现之前的几百年甚或千年前，遥远的距离会给那时的人们带来哪些不同的挑战，抑或他们会用哪些不同于我们的方式来应对这样的问题。现代波利尼西亚人（比如毛利人[1]）的祖先在长途跋涉至少7000公里之后，在新西兰与夏威夷的群岛上定居下来。作为开阔海域上的“联军”，这些先民们乘着独木舟组成的船队横渡了万里波涛，而数千公里对他们来说肯定不同于航空时代的旅行者：更加地潮湿，充满了更多的不确定要素，在起伏的波浪中漂流，由于四周都是海面没有参照物，总是感觉自己身处在什么事物的正当中（四周都是海面没有参照物），也许不会想着超越一切（但是谁知道呢？毕竟他们头顶的群星就是这样的存在）。当第一个踏出冒险征程的人向着也许并不存在的陆地设定航线时——我猜，他/她并不会像朝着已知目的地行进的朝圣者那样去感受时间和旅途，特别是今天的朝圣者，他们一般都会拥有精良的地

43

1 毛利人（Maoris）：新西兰的原住民和少数民族，属蒙古人种和澳大利亚人种的混合类型。通用毛利语，属南岛语系-波利尼西亚语族。

图和专业的航空服务人员。天上的行星、太阳和星座指引着他们的航路，而他们从天象中得知自己已经行驶了多远、处在什么方位之上。我猜比起与陆地有关的测量单位，他们会更倾向于使用在船上度过的时间来推测航行的距离，不过话又说回来，我们一直以来都低估了那些不依靠指南针、星盘甚或GPS卫星导航仪的海上航行技术的精妙复杂。

西蒙·马米昂所绘《世界地图》（*Mappa mundi*），收录于《历史之花》（*La Fleur des Histoires*），1459—1463年。来源：布鲁塞尔，比利时皇家图书馆，手稿编号MS. 9231，fol. 281v。

有关我们所处星球的广阔地域以及过去的人们怎样克服困难去理解它，我还可以再说一些。我保证会在未来给你的信中介绍一个在14世纪差点就要完成环绕世界之旅的人，很可惜，他在即将回到家乡的时候原路折返了。不过眼下我想要回到你提出的有关时间的规模和理解度的问题上。在为了写作我那本有关岩石的新书而进行的研究中，令我非常吃惊的一点是，现代地质学的起源总是被描述成一种历史的断裂，一场质疑、挑战之前所有学说的全新知识的冒险——就像一场大爆炸、一次生物灭绝的浪潮、一块撞击地球杀死所有恐龙的小行星（或者，它至少全面地完成了一次知识系统的更新换代）。对岩石悠久年岁的发现，使得“时间”一下被延展至令人晕眩、陌生的远古世纪，那个塑造石头的时代属于一个没有人类存在的世界、一个我们完全没有任何印象的地球。在此之前，我们对行星的历史知之甚少，并把它与人类文明的历史等同看待；可地质学随后表示，我们人类不能很好地理解地球的年代究竟有多么久远。至少对于那些严肃看待现代地质发现、理论的人来说，地质科学抹去了曾经神话般诠释世界的叙事方式，它在危机中来临，不断诘问着人类存在的价值。我们知道了地质学时间的提出，彻底瓦解了人类中心视角下历史书写的基础。当然，促成这种感悟的事件发生了好几回。最著名的一次是詹姆斯·赫顿[1]意识到地球无比古老，并且永远处在一个自我变化创造的过程中。通过观察爱丁堡索尔兹伯里峭壁[2]上的岩石形态，赫顿明白了蕴



1 詹姆斯·赫顿（James Hutton，1726—1797）：英国地质学家，经典地质学的奠基人，火成说、均变论的创始人。

2 索尔兹伯里峭壁（Salisbury Crags）：长约 46 米的悬崖，位于英国霍利鲁德公园（Holyrood Park）西部最高峰“亚瑟王座”（Arthur's Seat）附属山脉的顶端。

含在岩石中的能量与持续的运动——在山崖上水平的沉降层明确显现出它们是如何弯曲、波动、融合，以及穿透彼此的。在这些岩石“讲述”的故事面前，《圣经》大洪水这种级别的灾难也变成了一个在地质记录中根本不值得特别标注的小小故事。赫顿并不是提出地球悠久历史的第一人，泰奥弗拉斯托斯[1]、亚里士多德、老普林尼[2]、阿尔·比鲁尼[3]、伊本·西



---

1 泰奥弗拉斯托斯（Theophrastus，约前 371 年—约前 287 年）：古希腊哲学家和科学家，先后受教于柏拉图和亚里士多德，后来接替亚里士多德领导其“逍遥学派”。主要代表作为《植物志》《人物志》等。

2 老普林尼（Gaius Plinius Secundus，一称 Pliny the Elder 以便与其养子区分，23 或 24—79）：古罗马作家、博物学者、军人、政治家，代表作为《自然史》（*Naturalis Historia*，一译《博物志》）。

3 阿尔·比鲁尼（Al-Biruni，973—1048）：中亚的著名学者，生于花剌子模（今乌兹别克斯坦），后迁居加兹纳（今阿富汗）。他在数学、天文学、物理学、医学、历史学等方面均有贡献，著有《天文典》《密度》《药理学》《古代诸国年代学》等书籍。月球上的一座环形山以他的名字命名。

那[1]、沈括[2]、让·布里丹[3]以及许多其他的学者共同构成了一个思考地球高龄的复杂故事。但是，赫顿得到广泛赞誉的主要原因在于，他的“深时”[4]搭建了一条人类在其中所起微乎其微作用的宇宙时间线，并史无前例地将对地球的理解带入现代性的课题中。



赫顿的地质学发现揭开了19世纪的一场“时间革命”，在此之后，由《旧约·创世记》衍生出的有关星球形成的小故事的可信度逐渐被削弱甚

---

1 伊本·西那（Ibn-Sina，拉丁文名为Avicenna，980—1037）：中亚医学家、诗人、哲学家、自然科学家，著有《医典》《治疗论》《知识论》等，被称为世界医学之父。

2 沈括（1031—1095）：字存中，号梦溪丈人，北宋政治家、科学家，对数学、物理学、化学、天文学、地理学等领域皆有涉猎，其代表作《梦溪笔谈》被称为“中国科学史上的里程碑”。

3 让·布里丹（Jean Buridan，1292—1363）：法国哲学家，经院哲学博士，欧洲宗教怀疑主义倡导者。他再造了冲力说理论，并提出了著名的“驴子悖论”。

4 “深时”（Deep Time）：由詹姆斯·赫顿针对有神论的“地球由神创造、仅有数千年历史”观点而提出的概念。它主要指地球最初成形于大约46亿年前，是经过了一系列漫长而复杂的历程发展成现在的模样。

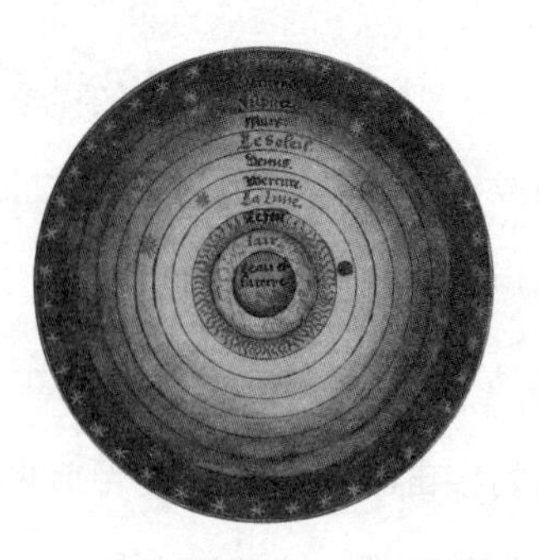


（托勒密式）地心宇宙模型，选自欧戎斯·菲奈《世界之球》（*Le Sphere du Monde*），1549 年。

至彻底摒弃。在 17 世纪，詹姆斯·乌雪主教[1] 基于对《圣经》中的描述推算出地球的起源时间为公元前 4004 年。然而这个精确得有些奇怪的数字并没有什么历史先例，而字面主义的读经方式是从相当近的时代才开始盛行的。这一解

---

1　詹姆斯·乌雪（James Ussher，1581—1656），爱尔兰主教、历史学家，于 1625 年至 1656 年间任爱尔兰教会阿玛（Armagh）教区大主教兼任全爱尔兰天主教会大主教。著有《乌雪年表》（*Ussher Chronology*），并在其中根据《圣经》记载及历法考证，认为世界创造于公元前 4004 年 10 月 23 日礼拜天。

释是对《圣经》提供的是准确的历史记录、它存储着过去确实发生过的事迹的笃信，当然它和犹太教、早期基督教对经文故事中意义和象征的解读有着很大的分歧。创世的“一天”或许应该被称作“一宙”，尤其是因为日月在第四天之前并不存在（那么谁又知道在衡量如今“一天”长度的外部条件存在之前，一天对神来说意味着什么呢?)。因此我们可以看到，对地球年岁的各种计算就不总是那么地重要了——而且它们之间相差得还挺多的。举个例子，中世纪时对创世首日和当下之间的各种跨度推算就有将近三千年的差别（从大约七千年的说法到非常精确的 3852 年的结论）。数字会有如此大的波动，是因为《圣经》实际上并没有提供直观的年表，但当时的推测都不约而同地倾向于“数千年”而不是数十万年，而估测地球历史的这一单位在今天的人类看来是惊人地短的。

现代地质学基于宙（eon）、代（era）、纪（period）、
46 世（epoch）这些单位来开展研究、提出学说。岩石资料揭示的是一个极其漫长悠久的过去，它足以开创人与宏观历史关系的新纪元，它的时间跨度长到令学者们不住地惊叹、目眩。那个以有可供查阅的明确文字记载为基础、以人类活动为核心、以千禧年为循环单元、易于掌控和理解的"地球史"再也不存在了。



可是话又说回来，一千年真的如此缺乏价值吗？一千年前，丹麦国王克努特[1] 率军成功侵入英格兰。人们很容易忘记这次军事行动的后果是共有三位丹麦君主曾在他打下的疆域上称王，还曾一度吞并北海沿岸建立了北海帝国——尽管克努特在他的那个时代威名赫赫，

1 克努特（Knud II den Store，995—1035）：丹麦国王，是哈拉尔蓝牙王之孙，斯凡八字胡须王之次子。他将丹麦人建立的海盗帝国发展至顶峰，建立了包括今丹麦、挪威、英格兰、苏格兰大部和瑞典南部的"北海帝国"，是历史上唯一的、几乎统一欧洲北海沿岸地区的帝王。

但时至今日，他几乎要被大部分历史书籍遗忘了。当然人们依稀还能从一个知名的传说里认出他来：不管克努特如何命令大海停止上涨，涌起的波浪还是打湿了他的双脚。这个故事差不多总是在讨论不良的品德，就好像它的主要目的是为了刻画一位君王的自负（他以为自然元素会臣服于自身的世俗权威）。然而事实并不是这样。根据十二世纪的历史学家亨廷顿的亨利[1]的解释，克努特其实是在海边上朝，并以这样的行为向公众展示他的谦逊。他想要向贵族们强调的是人类力量（哪怕是一位强大的君王）在我们生活的世界之中的局限性。他想要告诫自己的臣子，地球的广大远超过我们。我很好奇，一个千禧年是否如我们所想的那样



1 亨廷顿的亨利（Henry of Huntingdon，1080—1160）：中世纪英国史学家，代表作为完成于 1154 年的《盎格鲁史》（*Historia Anglorum*）。

轻易地就能掌握、理解。一千年可以让多数属于人类的事物永远地湮灭，一个潮汐的浪头就能轻易吞没这些人类留下的痕迹——巧的是，“潮汐”（tide）在古英语中的意思就是“时间”（time）——而到了现在，再也不会有人用“克努特”来为自己的孩子命名了。

玛土撒拉[1]是《圣经》中最为长寿的人。他活了 976 岁，仅仅比一千年少了那么一点。倘若他再长寿一些，他也许就能获准进入他的孙子诺亚所建造的方舟了（当然他也有可能被留在方舟之外）。而对于普通人来说，一千年远远超过了他们一生的岁月，它也长到足以使你的思绪纠缠在一起、难以理出头绪。大多数

---

1 玛土撒拉（Methuselah，一称 Testament patriarch）：《圣经·创世记》中的人物，《圣经》中最长寿的人（969 岁）。他是以诺之子，是亚当与夏娃第三子塞特的后裔。他是拉麦的父亲、诺亚的祖父，后世子孙包括亚伯拉罕、雅各和大卫。这一名字也被用以命名首颗被证实的脉冲星行星。

人在到了，嗯，一定的岁数之后，就会把他们自己过去的种种经历混淆在一起。对于整个世界来说，自1915年开始世界发生了多少变化？或者把起始点拉近一些，自1985年开始呢？和地质学的数百万年，甚至数十亿年相比，玛土撒拉差点就能活到的一千年也只不过是相对更容易把握了那么一点点罢了。我想这解释了为什么我们总是要把一个自身熟悉的观察者放入一段久远到令人心惊的年代中的原因了。比如在想象地球历史时根深蒂固的一个错误——把穴居人加入恐龙生活的图景中；又或者，我们很难想象当人类不再在地球上长期生存后，这颗行星会变成什么样。比如艾伦·韦斯曼[1]的《没有我们的世界》预测了曾经的基础设施



1 艾伦·韦斯曼（Alan Weisman）：新闻记者，《洛杉矶时报杂志》特约编辑，其代表作《没有我们的世界》（*The Earth Without Us*）被评选为“2006年度美国最佳科学著作”。

将会逐渐崩塌、记录人类活动痕迹的化石与底层将会在人类文明逐渐消亡后慢慢形成。不过就算是这种想象，我们依旧无法摆脱某种“身处当下”的思维模式，因为韦斯曼以一种仿佛有一位现代人类观察者存在的视角来描述那个遥远的未来。

（托勒密式）地心宇宙模型，选自托马斯·特雷维利安作品杂集，1608 年。来源：世界数字图书馆，美国国会图书馆。

48　　在上上段介绍克努特大帝时，我提到了一位十二世纪的英国历史学家，亨廷顿的亨利。在他的著述的结尾，亨利写下了一封给他身后一千年的读者的信，请求他们去思考历史记忆衰减得有多么迅速。他在回溯十二世纪前的千年历史时，惊异于史料的稀缺，就好像是一千年来绝大多数人类与动物生活的印记完全没有被保存下来一样。于是亨利请求在他之后一千年的读者——也就是我们——去思考他所身处的时代在今天看来变得如何晦暗不明，敦促我们去反思我们自己的传记、作品在未来的命运。然后亨利在结语中发问，在他完成该书的两千年乃至三千年后，人类是否还会在地球上生存。他恳求我们这些遥远未来的读者记住他、为他祈祷，并为那些已经被无声却浩瀚无尽的时间长河所吞噬的先行者们沉思。亨利的远见听起来十分谦恭甚至感人，然而在他设想公元 4150 年的读者时，他其实暴露了某种对自己作品的隐秘的自信：在他逝世三千年后倘若仍有人类幸存，他的著作依然得以流传，人们还会读他的书，并且会啧啧称赞他那优美的拉丁语散文。

好吧，也许那是属于亨利的“信念的飞跃”。其实他并不能确定三个千禧年之后地球依然是人类的家园。也许在这三千年中，启示录式的末日灾难已经发生过了。然而他依旧选择向着未知的读者寄出他的信，相信它将会寄到未来的某个地方，相信他的想象将会催生出一个能够跨越非个体力量能及的时间跨度的群体。

49 琳迪，我不认为我们手上的这些往返信件能保存一年以上，当然我觉得这也没什么。和亨廷顿的亨利不同的是，我坚信我们在面对时间时，会努力变得比他更加谦逊。我们不过是在尝试探讨把地球作为一个对象进行思考可能产生的危机，尝试去揭示各种（时间的、距离的、温度的）庞大到无法完全把握的规模问题。这可比亨利的请求简单多了！琳迪，请你告诉我，当你思考你的

“灵神星 16 计划”时，你有感觉那颗对人类体型来说无比巨大的小行星离你更近了吗，抑或依旧是遥不可及？我们是否曾经切实地以地球原本的体积规模理解了它？如果没有，那么理解通往“邻近”天体的艰苦跋涉又何从谈起呢？



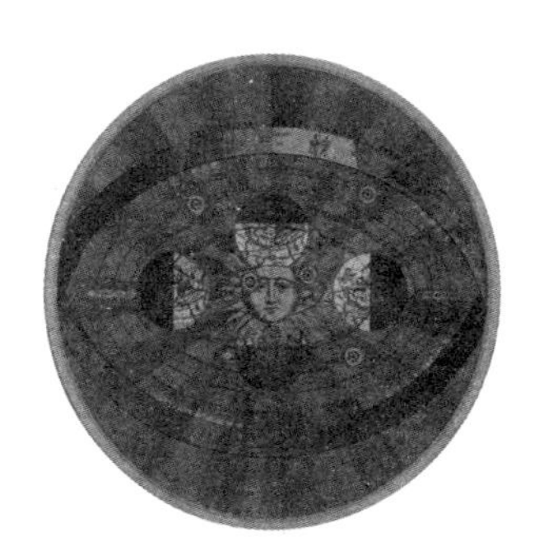

有关日心宇宙的插图，选自安德烈亚斯·塞拉里乌斯《和谐大宇宙》(*Harmonia Macrocosmica*)，1660 年。

杰弗里

又，我的生日刚刚结束，所以我花了很长时间才写完这封信。现在我比你老一岁啦。我得说我已经看到你未来过生日时的情形了：亲朋好友的聚集，各式各样的美好祝福，时间推着你一步一步向前无法回头，当然啦，还要加上一只大蛋糕。

亲爱的杰弗里，

今晚我正坐在家里，身边摆着普罗塞克红酒和软心豆粒糖，周围特别安静，透过窗户能清楚地看见亚利桑那的夜空。白天我去了梅奥诊所[1]做检查，如今我每三个月都要去一次医院做抽血检查，还要花上差不多一个小时的时间躺在核磁共振仪里反反复复地吸气、呼气、屏息。距离我上次化疗差不多要过去一年了，

1 梅奥诊所（Mayo Clinic）：世界著名医疗机构之一，创立于1863年，本部位于美国明尼苏达州罗彻斯特。

我希望明天的结果显示我的体内不再有癌细胞，也希望在未来的岁月里收到同样的体检结果，因为我偶然地在早期就发现了体内的卵巢癌，很少有女性患者能像我这样幸运。

我的故事和其他大众的、陈词滥调的故事没什么不同：癌症在很大程度上影响了我对时间的感知。当我的医生第一次告知我得了卵巢癌时，我很快就开始审视自己当时的反应。是的，我总是想得太多、总是在考虑一些非常本质的问题，简直就是一个会行走的、对“反讽”的定义。事实上在得知病情的那一刻，我发现自己并不是特别惊恐，也并没有被什么突然涌上来的憾恨感所淹没。我只是感到自己过往的人生非常充实，我经历了各种好事坏事、体验过困窘或富足，而现在我生了病。当然在几十年的时间里，有很多时刻我想要从头再来修正一遍，我也曾数次懊悔于对他人造成的伤害并想要进行补偿与挽回，但我并没有那种令人厌恶的、虚掷人生的感受。所以，我在接受手术以及差点要了我的命的粗暴化学“治疗”时，我的内心是非常平静，至少是清醒的。

挺过最严重的阶段后，对我而言时间已经发生了某种变化。现在我的身体情况相当不错，并且能重新在我所热爱的岗位上高速运转。在与癌症斗争的一年半里，我经常与亲人们在一起，家庭时光总是温馨又有益，但那时我实在没有多余的精力去思考工作的事情了。现在我回来了！各种各样神奇的事情正在发生。在地球与太空探索学院与我的同事们一起工作变成了日常生活不可或缺的乐事，这在学术界是不太多见的。我和我的儿子、丈夫开了一家名叫“小猎犬学习”的创业公司。而现在我在和你合作撰写这本书、我报名参加了一个领导能力培训的课程，后来我又向 NASA 申报了访问灵神星的太空项目。突然之间，我感到自己的时间变得短暂而宝贵。

马丁·倍海姆的地球模型，名称为“苹果地球”（德语原文为 Erdapfel），制造时间为 1491 年至 1493 年之间。来源：亚历山大·弗兰克，2016 年 3 月 31 日。

如果核磁共振显示的是癌症的复发，事情又会是怎样呢？现有的研究表明，我痊愈的几率将会变得十分渺茫。那么我将没有足够的时间享受天伦之乐，我将一下子失去可以与家人相处的几十年。我也无法再继续这些美妙的庞大的研究计划，并试图改变世界了。如果我的人生只剩下最后几年而不是三十甚至四十年呢？我想那确实会令人非常失望。

或许是因为我并不认为自己需要去面对假设的最坏情况，眼下我并没有那么害怕死亡，但是这种可能性的存在以一种比较极端的方式显示出人类在面对时间空间时的巨大局限性。当我的生命遭受致命威胁，我所能拥有的时间最大值可能缩小到这一年或者只有这一周，或者当我在忍受剧烈的疼痛时，我对时间的理解将会变成：只要挺过这一刻就好。在那些糟糕的时期，我唯一能在空间中感受的只有自己的身体、再无其他。尽管受限于短暂的寿命与柔弱的躯体，我们竟然会开始思考太阳系的大小与年岁，这真的是非常不可思议。不管怎样，想要解放你的思想，你最好拥有健康的身体！谢天谢地，我现在的状况还不错。

说到时间。你说得很对，赫顿为我们今天

对地球的理解贡献了许多灵感的火花，他还说过一句非常富有诗意的话，“我们不可能找到开端的遗迹，也不可能预期终局的景象。”不过在我看来，更多的荣耀应当被授予查尔斯·莱尔[1]。莱尔写了许多面向大众普及他的发现的著述，而如今的学者们已经变得吝于分享自己的成果了。查尔斯·达尔文[2]也曾受益于他的研究。莱尔帮助达尔文揭开了对于时间问题的困惑：生物的物理特征怎么会迅速地改变



---

1 查尔斯·莱尔（Sir Charles Lyell, 1st Baronet, 1797—1875）：英国地质学家、律师，现代地质学之父，其主要代表作为《地质学原理》（*Principle of Geology*），一名《可以作为地质学例证的地球与它的生物的近代变化》（*Modern Changes of the Earth and its Inhabitants Considered as Illustrative of Geology*），即地球现有的地质特征是由过去缓慢、渐进的地质作用形成的，而这种变化是古今一致的。这一观点对“均变论”的确立有重大贡献，对后来达尔文进化论的形成有一定的影响。

2 查尔斯·达尔文（Charles Robert Darwin, 1809—1882）：英国生物学家，进化论的奠基人。他曾经乘坐贝格尔号舰作了历时5年的环球航行，对动植物和地质结构等进行了大量的观察和采集，随后出版《物种起源》（*The Origin of Species*），提出了生物进化论学说，挑战了神造论和物种不变论。

呢？答案是，它们其实并没有快速发生变化。物种变化的速度很慢，远远比我们以往预计所需的时间跨度要更为漫长。

达尔文在《物种起源》里写道：“倘若我的读者不是一位实际的地质学者，那么我几乎不可能使他领会某些事实，从而帮助他对世界上的时间的流逝有清晰的了解。如果有人读过查尔斯·莱尔爵士的《地质学原理》——我要说后世的历史学家必然会承认莱尔的这部作品发起了自然科学界的一场革命——却又不愿意承认地球曾经的悠久历史，那么他现在就可以合上我的书了。”

达尔文或许具有相当的先见之明，因为直至今日仍会有许多人不接受《物种起源》的观点。杰弗里，我们要怎样才能说服人们应当基于客观信息而非主观情感来持有某种观念呢？

达尔文还将《物种起源》的第二版献给了

莱尔。他在致谢中写道，“首先，请允许我满怀着感激之情将本书的第二版献给尊敬的查尔斯·莱尔先生，感谢莱尔先生的**《地质学原理》**，这部手记以及本人其他作品中的大部分闪光点，都是经由学习这部皇皇巨著才获得的。”　53

亨德里克·霍迪斯二世《新制全球地理水文地图》（*Nova totius Terrarum Oris geographica ac hydrographica tabula*），选自 *Atlantis Maioris Appendix*，1631 年。来源：新南威尔士州立图书馆（澳大利亚）。

莱尔曾仔细地观察、思考了许多地质结

构，比如尼亚加拉瀑布[1]和阿尔卑斯山脉中被风和水侵蚀的部分。他计算出尼亚加拉瀑布的风化过程可以追溯至35000年前，并且确定阿尔卑斯地区的气候从冰川期到如今（温带性气候）之间发生了剧烈的变化，而这些变化的地质学证据随处可见。在随“小猎犬号”[2]出航时，达尔文带上了《地质学原理》的第一卷，并且迫切地期待第二卷的问世。当达尔文到达南美洲时，他的妹妹把刚出版得到的第二卷寄给了他。

可是究竟多长时间才能被称为“很久”

1 尼亚加拉瀑布（Niagara Falls）：世界第一大跨国瀑布，位于加拿大安大略省和美国纽约州的交界处，瀑布源头为尼亚加拉河，主瀑布位于加拿大境内。

2 小猎犬号（HMS *Beagle*）：是一艘属于英国皇家海军的双桅横帆船。于1820年5月11日首次下水启航。第二次出航时，查尔斯·达尔文登上此舰担任随船博物学家，1839年达尔文发表了《小猎犬号航海记》（*The Voyage of the Beagle*），书中见闻包含大量生物学、地质学与人类学的研究成果，为他日后的自然选择进化论理论提供了实证基础。

呢？乌雪大主教的理论仍有笃信者，尽管早在1748年，法国外交官贝努瓦·德·马耶[1]就提出，地球至少有二十亿岁了。一个多世纪后(19世纪80年代)，第一代开尔文男爵威廉·汤姆森[2]不断尝试通过热损耗来推算地球的年龄。以热量通过岩石从地心向表面传导的假说为出发点，汤姆森从他今天地表的气温开始计算，反推、定位至一个燃烧着的热源，并且得出了两千四百万年—四亿年这一时间范围。



---

1 贝努瓦·德·马耶（Benoit de Maillet，1656—1738）：法国外交家和自然史学者，曾任法国驻开罗总领事。依据对地层的观察，他提出了一个漫长进化的假说来解释地球的起源。

2 威廉·汤姆森，第一代开尔文男爵（William Thomson，1st Baron Kelvin，1824—1907）：即开尔文勋爵（Lord Kelvin），英国数学物理学家、工程师，也是热力学温标（绝对温标）的发明人，被称为热力学之父。在格拉斯哥大学时他与数学家休·布来克本(Bailie Hugh Blackburn，1823—1909）合作研究了电学的数学分析，并将第一和第二热力学定律公式化，和把各门新兴物理学科统一为现代形式。

54 开尔文男爵的第一个错误在于，地球上的许多热量传递并不是由内向外地扩散至地表（他那一套原子振动产生能量并在另一静态固体物质中传递的理论模型，听起来更像是热咖啡使它的容器发烫），而是更接近对流。在对流过程中，发热物质本身就是在移动、向地表散发热量的。在并不恒久稳固的大陆板块之下，地球的地幔以极慢的速度流动，就像是一锅流淌速度放慢至十亿分之一的燕麦粥。地幔确实是固态的岩石，但它在高压之下，藉由晶体结构变形发生着缓慢的位移。比起传导，对流传递热量的速度要快上很多。

开尔文男爵的第二个错误在于，他对于辐射一无所知。当然，他的同辈人也不可能知道这一概念；辐射的存在直到 1895 年才被发现，时至今日学者们依然在积极研究辐射在地球内部持续发热过程中扮演的角色。探寻地球年代的最后一次飞跃发生在20世纪50年代，科学家们终于可以利用矿物质中元素的放射性衰变周期来判断这些矿物形成于何时。1953年，F·G·豪特曼斯[1]和克莱尔·帕特森[2]将地球的年龄确定为45亿年。更为深入的研究进一步修正了误差值，我们今天普遍认为45.67亿年前最初的固体物质开始围绕着初生的太阳形



1 F·G·豪特曼斯（Friedrich Georg “Fritz” Houtermans，1903—1966）：德国核物理学家，出生于但泽（时属德国），1921年考入哥廷根大学物理学专业，数年后师从1925年诺贝尔物理学奖得主弗兰克（James Frank，1882—1964），后与物理学家伽莫夫（George Gamow，1904—1968）、英国天文学家阿特金森（Robert d'Escourt Atkinson，1898—1982）合作提出了有关核聚变的一系列发现。纳粹上台后，拥有四分之一犹太血统并身为德国共产党员的豪特曼斯度过了数年旅居异国的生活，被盖世太保带回后对自己的研究成果保密、没有主动配合德国的原子弹制造计划。二战后豪特曼斯在哥廷根大学任教，1952年受聘于瑞士伯尔尼大学，并协助发展了该校的物理系。

2 克莱尔·帕特森（Clair Cameron Patterson，1922—1995）：美国地质学家和地球化学家，其主要贡献为对地球化学演化的研究以及对地球年龄的测定。帕特森与其他学者合作改进铀铅测年法，发明了铅铅测年法，并通过测定代亚布罗峡谷陨石中铅的同位素的含量，计算出地球的年龄约为45.5±0.7亿年。

成，而地球在接下来超过一亿年的实践中不断增大至它现在的体积。

我喜欢这个故事中传达的人类精神。我们不断地追问，我们面前的究竟是什么，是尼亚加拉瀑布、一块沥青铀矿，抑或是一本《圣经》。当我们把所有的这些信息收集起来时，我们才能获得理想的答案。

《蓝色弹珠》（*The Blue Marble*），由阿波罗 17 号飞船宇航员拍摄于 1972 年 12 月 7 日。来源：NASA（美国国家航空和宇宙航行局）

这一封信我写了太长时间。对我来说，在

一个寂静的深夜从有关身体健康的担忧开始——我作为一个人类个体，被囚禁在一个狭小的场所（我的身体）与短暂的时间片段（我的人生）之中——一直想到想象力所创造出的美感，是一件特别愉快的事。在经过二十年的学术研究后，我可不敢说自己更好地理解了“45.67亿年”这样规模的概念。正如我的丈夫詹姆斯·坦顿所说，熟悉并不等同于理解。



你之前问了一个特别棒的问题，“冲出外大气层的太空之旅是否总是对探寻地球自身的历史有所启示?”不过我想在下一封信中再谈论这个话题以及灵神星的任务。

随信附上我最好的祝福，希望这封信到达时你一切都好，并和你的家人欢聚一堂。从我的五十一岁到你的五十二岁（我记得没错吧?），我得在信的结尾向你报告一下我的生日。是的，我也迎来了亲友团聚、接受了他们的祝贺，还有，谢天谢地，今年我也收到了一个生日蛋糕。

琳迪

亲爱的琳迪，



热烈祝贺你的体检报告毫无问题！当看到你在 Facebook 上公布确诊痊愈的消息时，我们激动地倒了酒、举杯庆祝你能恢复健康。我们很高兴能继续和你一同在地球上生活。

56

你谈到了作为一个具体的、总是处于危险境况的观察者所面临的道德问题，谈到了爱与悔恨之间的关系，谈到了时间如何随着具体剧情或者它发生变化的关键节点而“延展”或“收缩”——我很感谢你的这封信，它帮助我思考了许多事情。在美酒与软糖的陪伴下，你写完了上一封信（我想你会不会把一颗绿色的糖扔进香槟酒杯充当橄榄）。现在华盛顿这里是一个沉闷的十一月初的早晨，我坐在笔记本电脑前，手边是一杯浓咖啡和一个图腾——你在第一次拜访科恩家住宅时（那时咱们两家之间还没那么远）送给我的一小块石头。你和詹姆斯带着一瓶普罗塞克酒和象征着生日蛋糕的岩石。这块石头有着棕白相间的分层，在它的釉质顶层还有一条闪闪发光的“糖霜”。当我把它握在手中时（手掌大小的石头总是诱惑着我，令我忍不住要抓起它们），我想到了有关时间的问题：这块石头从虚无中成形花了多长时间？我想到了高温与挤压的力度：什么样的压力与温度才能将这么多层不同的物质塑造成它们如今的密度？我的思维不断发散，想到了有关空间

（在形成这块石头蛋糕之前，这些沉积物移动了多长的距离？）、有关美（这块石头的表面在灯光下闪耀着星星点点的光芒，这使我不由得想要握住它）、有关水流漩涡（石头上的不同岩层记录了它与水这一元素的密切关系）的种种问题。当然我也想到了生日，因为它看起来真的太像一块蛋糕了。我们在这些信里讨论过的所有问题，在那一刻凝结成了这一块小小的、从大地上剥离的碎片。如今它作为友谊的见证，被放置在我们的窗台上。

57

《地升》（*Earthrise*），由阿波罗 8 号飞船宇航员拍摄于 1968 年 12 月 24 日。来源：NASA（美国国家航空和宇宙航行局）

但有些时候（比如说今天早晨），我会忍不住拿起这块石头。这是某种无意识的行为，我很吃惊身体会在有明确目的前就开始了行动，然后这个物体就会突然“出现”在我的手里。我总是不断重复这种姿势，从前在缅因州的滩涂散步时，我经常会拿起被水流冲刷得非常光滑、看起来像是鸡蛋或是小小地球的鹅卵石（我父亲的家族来自那个州，所以我经常想，我对石头和拍打着陆地的波浪的痴迷是不是源于有关那些水岸的记忆）如今我依然会在心不在焉时挖起任何大小、轮廓合适或是足够好看的石头。科恩家简直要被这些“纪念品”填满了，不过并不是所有石头都是我带回来的。我的儿子和女儿在他们很小的时候就是石头狂热者，每当我们在住所附近散步时，两人的口袋里总会塞满各种各样的小石头。为了防止家里变成采石场，我们曾告诫孩子们在进入房屋时把口袋掏空，于是这样的规则让小型石塔纪念碑变成了我们的前院的一道常驻风景。现在我有些怀念它们了。

或许我不应该把这些东西过度浪漫化，但在我看来，岩石中存在着某种东西需要人类去触碰它们、同它们这些无机物建立某种联系，或者至少它们在邀请人类去思考这些坚硬、长久存在的东西，思考它们所经历的非人力可及的时空跨度。我很喜欢地质学家贾恩·萨拉西奇斯[1]的一句话，“一块鹅卵石之中也会包含一个奇怪的世界。”他的《鹅卵石中的行星》令我着迷不已，这本书从作者在威尔士海滩上发现的一片有着白色条纹的灰色燧石说起，飞速跳跃到了宇宙初始的大爆炸与遥远的未来。萨拉西奇斯展示了一块微小的、四处可见的碎片

58



1　贾恩·萨拉西奇斯（Jan Zalasiewicz）：地质学家，现就职于英国莱斯特大学地理学、地质学与环境学院。

怎样使理解地球数十亿年的历史成为可能。从他手中的石头开始的故事其实是个有关宇宙诞生、远古生物的化石（沉积在志留纪海底的数十亿尸体）以及船只般的大陆在熔岩海中“破浪”前行的冒险传奇。那块卵石来自一块早已消失的、名为“阿瓦隆尼亚”[1]的微大陆，他写道，“很久很久之后，亚瑟王君临于那块土地，莎士比亚在那里写下不朽的十四行诗，再然后一场革命于焉崛起，并将高大的烟囱与钢铁铸造厂传至整个世界。”（33页）我喜欢人们为这片远古地域所起的名字“阿瓦隆尼亚”，如今它的大部分变成了威尔士与英格兰，其中也有一小部分被撕裂开来，散落在西欧、非洲与北美的岩石带间。通过这一富有神话色彩的名字，我们试图把



1 阿瓦隆尼亚（Avalonia）：远古微大陆、地体，形成于原冈瓦纳大陆的边缘，存在地质时代为寒武纪到志留纪，它的范围包含今天的西欧、加拿大大西洋省份与部分美国东海岸地区。

一个人类无法触及的过去变成可以理解的对象，把一块失落的大陆改编成广受欢迎的骑士传奇，就好像它就是女巫摩根勒菲[1]把亚瑟王送去的那个远离尘嚣的理想乡。与此类似，我们以希腊神话中的冥府及其统治者之名来称呼地球的第一个地质时代“冥古宙”[2]，仿佛借助想象故事里活人无法居住的幽冥地下，我们就能够理解长达十五亿年的难以置信的地表高温与剧毒大气似的——这些曾经的陆地超出了人类的经验，却并没有超出我们的想象。

詹姆斯所说的“熟悉不等于理解”是正确

1 摩根勒菲（Morgan le Fay）：亚瑟王与圆桌骑士传奇中的一位精通医术与变形术的女巫（一说为仙女），其名字来源于法语，人物形象也是在12世纪早期得以定型的，被认为是送重伤的亚瑟王前往阿瓦隆沉睡的三位女性守护者之一。

2 冥古宙（Hadean）：由普雷斯顿·克罗德（Preston Cloud，1912—1991）于1972年所提出的地质年代概念，最初用以描述地球在已知最早岩石出现之前的时期。现在指开始于地球形成之初、结束于38亿年前的地质时期。

的。冥古宙实际上并不等同于冥府，它不是希腊人想象中尤利西斯[1]曾经勇敢造访并全身而退的那个国度。在写这封信之前，我握着这块生日蛋糕石，思考着詹姆斯说过的话。我当然很熟悉这块石头，因为我每天都会看到它，但我依然不能声称自己理解了它的形成过程或者它所代表的那个地质时代（虽然我尽最大努力尝试过理解）。又或者我不断地拿起它，是因为我冥冥中意识到两年过去后，尽管我“熟悉”到不再仔细端详它，我对于这块石头所蕴含的故事其实并没有那么地熟悉。这块石头并不像许多其他的小摆设那样随着时间流逝变得越来越不起眼（在摆放它的窗台上，还有一个



1 尤利西斯（Ulysses）：即奥德修斯（Odysseus），希腊与罗马神话中的著名英雄。他是希腊西部伊塔卡岛的国王，曾参加希腊联军围攻特洛伊的战役。战争结束后，他受到海神波塞冬（Poseidon）的阻挠，经历十年流浪终于回到故乡，其经历可见荷马史诗《奥德赛》（*Odyssey*）。

雕有提基神像的打孔玻璃杯、一个烛台、女儿在陶艺夏令营亲手制作的两个高脚杯——但我需要仔细找一遍才能记起它们)。我在想，我熟悉这块生日蛋糕石的美丽会不会并不必然导向熟稔感。我抓起那块石头，是不是因为它在闪烁着光芒。我注意到它，是不是因为一种渴望的诱惑。我想知道，在写信之前驱使我抓起石头的理由——就像萨拉西奇斯在威尔士的海滩上捡起了一块鹅卵石，并辨认出藏在其中的地球的历史——会不会并不是美丽事物天然具有的对人类知觉的吸引力，而那种潜能将观察者拉出了熟悉的领域、直面未知与难以理解之物。美使我们意识到自己先前对事物的无知或忽视，使我们转向探索未知的世界、渴望"抓住"陌生的事物（这里"抓住"既指用手抓住又指用思想理解)。美学，这一研究美的学科，来自于古希腊语"可感知的或可察觉的"。它所指涉的不仅是抽象的思考与感受，也有实实在在的躯体与接触。美可以激发人们的欲望，而欲望激励人们去求知、去理解。在合适的情况下，这种渴求美的冲动可以将我们从既有的狭隘人类范围中解救出来，让我们试图去了解那些远超有限的实在个体的时空范畴。因此，一颗小小的鹅卵石也可以变得无比庄严。



所以我认为，在某种程度上地球是可以被我们视为一个整体的——而这种视角的影响可以是邀请（《蓝色弹珠》让我们的地球变成了一个值得珍视而非探索、压榨的对象），也可以变成一种问题（“蓝色弹珠”只不过是一个受人类力量操纵的玩具）。一直以来人类都在努力想象，如果有一天获得了神的双眼，从高空俯视的地球会是什么模样。中世纪的神学家、百科全书作者、历史学者们推测只有从某种来自天国的角度观看，这个混乱、动荡的世界才会显现某种高明的秩序。14世纪的乔叟[1]在他的叙事诗《特洛伊罗斯与克丽西达》[2]的结尾，让身为特洛伊勇士的男主人公在挚爱抛弃他、转投另一位男性怀抱后，满怀着绝望死去。失落的特洛伊罗斯在战斗中被杀，当他的灵魂离开躯壳、升上大气层时，甩掉一切桎梏的特洛伊罗斯瞥见了在天穹中徜徉的群星，他的耳中回荡着行星的旋律，他回头面向距离自己越来越远的地球，面向知道这一刻他才终于理解其全貌



---

1 杰弗里·乔叟（Geoffrey Chaucer，1343—1400），英国中世纪作家，被认为是英国中世纪文学和文艺复兴文学之间承上启下的代表人物，也是第一位葬在西敏寺诗人角的诗人。他的代表作有《公爵夫人之书》《声誉之堂》《众鸟之会》《特洛伊罗斯与克丽西达》《坎特伯雷故事集》等。

2 《特洛伊罗斯与克丽西达》(*Troilus and Criseyde*)：乔叟创作的爱情叙事诗，乔叟在作品的形式和内容，主题和文体等方面，继承了中世纪宫廷爱情文学传统，但他也在情节安排、人物塑造、内心描写和思想观念上表现出中世纪文学中所少见的现实主义倾向并复苏了悲剧精神，为英国文学的发展和伊丽莎白时代的文学繁荣奠定了基础。

的世俗世界。他感慨于他曾经的家乡变得惊人地小，陆地和海洋也不复旧日印象中的广袤："陆地何其渺小，宛如水流环抱的一点。"（"This litel spot of erthe, that with the see/ Embraced is."见《特洛伊罗斯与克丽西达》第五卷，1814—1817行）当上升到彻底远离了故土、超越了曾经无比辽阔的世界的程度，特洛伊罗斯的灵魂这才意识到，原来自己的生命也不过是稍纵即逝。那些过去看来重要的、倾注了全部激情的、伟大的事情，最终都将缩小为一个代表着陆地与海洋的黑点，于是他笑了起来。

61



通过从某个想象的外部凝视世界、观看巨大之物一点点缩小为微观景致，人类自身的价值得到了一定的削弱。这一类故事通常告诉读者一个道理：人类并没有那么重要。我们的寿数过于短暂，我们的力量过于卑微，就连地球也只是相对于人类而言才会显得如此巨大、不可僭越。但是我担心这会演变成另一种为我们人类破坏地球开脱的借口。我们开始使用宇宙级别的单位，那我们就可以和从前一样任意妄为、不必受道德与环保口号的约束。不过在这里值得一提的是，贾恩·萨拉西奇斯，这位写出《鹅卵石中的行星》的古生物学家、把手中石头当成开启畅想宇宙起源与未来命运的钥匙的作者，同时也是“人类世”工作组的召集人。该委员会将会向国际地层委员会[1] 介绍“人类世”是否可以成为一个可识别的地质学世代。参与者已经提出了各式各样的开始时期(其中的大多数意见倾向于工业革命或者核能时代)，接受“人类世”术语的关键在于，是否承认人类文明已经深刻地改变了地球，人类

1 国际地层委员会（International Commission on Stratigraphy，缩写为ICS)：全球性学地质研究组织，约有 400 个成员组织，其主要职责之一是精确定义全球年代地层单位并制作“国际年代地层表”，为国际地学研究提供共同语言。

的活动、暧昧模糊的成就能够转变为可读取的地质学记录。如果“人类世”被正式承认为一个可以从岩层中得以识别、确认的名称，那么 62 它将成为有史以来最短的地质学时期。琳迪，我很想知道你对“人类世”的看法，也许在未来的某封信里，我会讨论哪些人、哪些物被排除在了这个“人类的”范畴之外。



不过现在我想要结束这个话题，并开始介绍上次我答应的一个故事，选自一本来源成谜、如今被称为《曼德维尔游记》的书（大多数中世纪流传下来的书本并没有标题，所以它们如今的名字是一种现代的发明）。这部作品在14世纪中期横空出世并迅速风靡欧洲，甚至哥伦布在出海时还随身携带了一本。主人公约翰·曼德维尔自称出生于圣奥尔本斯，一座邻近伦敦、以修道院和地图绘制闻名的城镇。他的故事始于向着耶路撒冷的朝圣（他认为那儿就是世界的中心）——折翼认知是基于当时的 T-O 地图，它将地球描述成一个陆地被海洋环绕的 O 形、三大洋将大陆分成 T 形的欧洲、亚洲和非洲。T-O 地图并不是依据实际数据绘制的，它更接近于一种想象的产物，但曼德维尔的旅途正反映了当时这种在欧洲广为流行的认识：每一条通向圣地的路都是向上的。不过有趣的是，在完成了朝圣之后，曼德维尔并没有返还，而是继续他的艰苦跋涉。

作为一本活泼有趣的旅行见闻录，《曼德维尔游记》让读者对有主人公作陪的世界之旅产生了好奇。约翰·曼德维尔爵士称得上是一位出色的伙伴：通晓各种有关美酒、香油与钻石的知识；乐于向我们建议到哪里找翻译、跟随他去往圣地还有哪些其他的路径可走；积极地解释亚洲、印度、非洲的住民与罕为人知的岛屿。很少有事物能触怒他或是扰乱他的心神。他热衷于不同的仪式、信仰、旅行，还有各式各样的人与奇怪的物件。比如说，曼德维尔并不排斥食人或天葬，而是试图解释这些行为背后的文化逻辑（例如它们是为了表示对死者的尊敬，使其尸身免于躺在冰冷的地下或是被蛆虫啃咬）。他认为没有一种习俗是荒诞不经的，哪怕是生活在拉莫里亚岛上赤身裸体、一夫多妻的食人族部落也在依据某种信仰体系行动，他们的每一种选择都能用理性的理由解释。只有漂泊不定、没有国土的犹太人引起了曼德维尔的不快，在他看来，世界主义总是有它的局限性。



在中世纪的西方，《曼德维尔游记》的受欢迎程度仅次于《圣经》，它被翻译成不同的语言、有着各式各样的誊抄版本。约翰·曼德维尔向当时的欧洲人展示了一个富有魅力的世界，他的双脚踏足之处甚至比许多人的想象更远。他带回来的那些有关偶像崇拜、雌雄同体、亚马逊人、刺客与神庙的记录全是根据自身的亲身经历所写：他曾经作为雇佣兵效忠于一位穆斯林苏丹，并得到了一份可以在其广阔疆域通行无阻的证明（还有一位苏丹赏赐的妻子）；他在去往西藏之前，在蒙古可汗统治下的中国居住并学习了一段时间。约翰爵士表示，他想要游历世界的想法源自他年轻时听说的一个某人几乎就要环绕地球一圈的故事。那位旅行者走过了印度与更远的广阔的陆地，接着他一路前行，直到来到了一座奇怪的岛屿，那儿的语言听起来几乎就是他熟悉的英语。他此时再也找不到能搭载的交通工具了，于是只好掉头回去——一条极其漫长的返乡之路。后来，他回到了故乡却不愿意停留过久，这位旅行者再次出游，他的船被一场暴风雨吹离了原本的航线，然后到达了他很久之前从那儿折返

64

的岛屿，发现原来那儿离自己的家乡已经没有多远了。

我认为这个传说中有三个很有趣的地方。首先，年轻时得知的漫长旅行的故事激励了曼德维尔去完成自己的游历：和那位没有留下名字的旅行者一样，约翰·曼德维尔享受的是旅途本身而非到达某个目的地。其次，尽管曼德维尔强调世界是一个巨大的球形，可他也不知道有谁曾经成功环游地球一圈。如果不坚持向前，那么你就无法沿着这条路回到家乡。曼德维尔的世界没有被完全地理解、探索，总有一些东西被遗漏、被忽略——而各种各样的弯路又很容易使人迷失在其中。并且，约翰·曼德维尔爵士其实从未真正存在于历史中。他的“旅行”其实是由一位佚名作者根据其他人留下的资料——有些是真实的旅程记载，有些也是虚构——加工而成的文学杜撰。在那个不存在版权意识的年代，《曼德维尔游记》是一部带有某种致敬意味的“剽窃”作品。毫无疑问，那个差一点就能完成绕地球一周的旅行者是虚构的，但他也是曼德维尔爵士（另一个想象中的角色）眼中的一个自古流传的迷人的事实。与此同时，书中的旅行虽然只发生在想象中，但恰恰是这种历经千辛万苦、时常迷失方向的情节令整个故事变得引人入胜。我欣赏“约翰·曼德维尔”拒绝将世界简化为一个微小的、可以轻易理解的小黑点的态度，而这和他不曾真实存在过没有任何关系。

我们的时间已经被空间化了，或者更准确地说，我们很难把这两个领域明确区分开。我已经用了漫长的一天来写这封信：傍晚来临，我的浓咖啡也换成了薄荷茶。我现在想喝上一杯普罗塞克酒，不过我也许不会配上软心豆粒糖吧。

杰弗里

# 关于光芒（地球之美）

2015年12月1日





本章内容基于我们坐在琳迪·埃尔金斯-坦顿在亚利桑那州立大学（亚利桑那州坦佩市）地球与太空探索学院的办公室内交流时的即时信息。

——杰弗里，我很高兴几年之后我们能再次继续有关地球的对话。我想知道我们的想法都发生了什么样的变化？而我得像过去那样问问你，你现在希望在你的工作中回答哪些宏大的问题？

——我就知道你会问我这个！首先我要说，

坐在这么舒适的房间中共享空间、用键盘进行对谈的感觉真好。我坐在亚利桑那州立大学你的办公室的沙发上，而你坐在一张气派的办公桌前。这也是一次很好的机会重新思考是什么支撑这部作品成书、使得我们俩这么长时间以来为此合作。围绕着《地球》这一课题，我的宏观问题——或者说是我们需要共同面对的“大问题”——主要是，一位自然科学背景的研究者和一位专精于人文学科中某一角落的学者的合作，能够在何种意义上告诉以为好奇的读者，地球（作为一个对象）意味着什么？以迥异于所有我们熟知的规模、量级的角度思考这一话题，会有哪些风险，又会获得什么有价值的事物？

——这对于我而言，是一种全新的创作方式，有点像一种缓慢的交谈，它比写信快，但比口头交流要慢。我想我们正在向着某个方向行进着，而风险与宝藏是并存的。“那儿可能有危险”的想法很有意思。在我拿到大学的正式教职之前，负责评估的主席也许会建议我专注于可以引出一个精确的、科学的、可验证的问题的研究，我则能在一份本专业的权威期刊上发表这样的研究。我们眼下的工作可能无法满足这样的要求。不过，现在我作为一位拥有终身教职的学院带头人，为了整个科研体系，我可以随心所欲地探讨这些形而上的、跨学科的问题了。这种创作方式还有哪些风险？我们会陷入严格定义极致的“顶点”的泥沼吗？我们会被宇宙的广大与无法理解所压倒吗？我们会被“人类的存在没有意义”的想法击垮吗？也许，我作为一个个体太小以至于不会被击垮，就好像是工蚁从靴子上爬过、结果毫发无伤那样。



——我们两人所在的学科，没有哪个是必 

然鼓励这种大众写作的，但比起一本供同行品鉴批评的期刊，一本有关地球的书需要面向一个更广的潜在读者群！地球是如此巨大，它召唤着我们走出自身领域学科的舒适区、重新进行思考。可能存在的风险还包括对话过程中因人而异的分歧（比如说，对于你而言“地球”拥有极为漫长的历史，而人类活动在其中并没有那么重要；而我理解的“地球”则更多地意味着人类的居所而非岩石、流水与大气层气体的年岁）。再者，如果我们换个角度，那个高不可及的“顶点”也是一种风险：倘若它向我们揭示的是人类在宇宙之中的无限渺小（又是那个有关规模和量级的问题！），那么我们可能会忘记，这样受打击的感觉其实是一种发生过无数次的、跨历史的情感，而情感会进一步地推动人们去认识这个世界。在理解地球的过程中，我们共同面临的困难在理智和情感上促进了我们的合作。那么，跨学科合作的收获是什么呢？鉴于我们的问题是无法被证实或解决的，那么我们要怎样才能知道自己行进在正确的那条道路上？

——我的天呐，这世界上难道有不是跨历史的情感吗？难道会有我们现在有某种情感而过去的人们从未拥有它们、或者颠倒过来的情况吗？几年前在我们刚开始合作时，我确实担心过彼此间无法有效交流的问题。在我参加过的座谈会上，人文学科的研究者们会试图在自己的表述中尽可能地加入许多层次的意思或内涵（那算是“多义效应”吗?）而我作为一个自然科学家，努力追求的是让每一句话都准确地表达一个意思，并让房间里的每一个听众都能明白那个意义。不过我发现，我和他们之间确实可以在一些话题上达成共识与交流（尽管沟通要花上较长时间）。也许这是所有试图交流的人都会经历的阶段。然后是收获。当我从熟悉的课题中获得了全新的理解时，那种突如其来、无与伦比的激动就是最棒的奖励了。写作使我们开始探索，而在探索中有所发现则是一种令人着迷的经历：这一过程让我可以短暂地脱离那个精密数据、严格阐释的领域，并发掘出我对科学有关美的、更加私人化的情感。

——那么让我先问你关于“美”的问题，71 然后是“个人”的问题。我明白如果数据具有可检验、可重复、代表了取样充分的样本等特征时，它就会被视为可信的。我也知道数据是如何用来交流的，比如说，它会以一种行业内共通的语言发布于一本供同行阅读的期刊上。“共通语言”一部分是数学符号与公式，一部分是与专业术语相关的精准的英语定义——举个例子，上次一起吃晚饭时，我们讨论了“灰尘”(dust) 和“灰烬”(ash) 两个词对一个行星科学家和一个普通的说话者来说，在使用场合与表达含义上有什么不同。想要理解数据及其阐释，并能判断它是否具有说服力，需要经历大量的专业训练。但昨晚你给我看了灵神星探索任务的策划终稿并不完全是这样的：它巧妙地演示了两颗小行星体如何撞击在一起，并形成了被燃烧般的橘色、滚烫的灰白岩石融化形成的红色所覆盖的金属小行星。就连计划书的标题也令人浮想联翩："灵神星：金属世界之旅。"当我读到它的时候，我简直要忍不住说出"请让我也加入"了！所以我很想知道，在自然科学研究者说服他人的过程中，美是如何运作的？我们之前在信中讨论过那些有关反射美丽光芒的地球图片，以及它们在说服人们以不同方式感受地球中所起的作用。那么作为一位行星地质学家，美对于你的工作有什么样的价值？



——关于美。好吧，写了1,5000个单词，我们总算明确提出这个问题了。如果用一种半开玩笑的方式来说，我觉得还没争取到大学正式教职的科研人员不会时常提及美（因为它显得太主观、不切题、不严谨），但随着时间流逝，你与他们的交谈会逐渐变得深入、复杂。广义的“美”是驱使我们所有人去做我们想做的事、选择我们想要从事的领域的理由，也是在遭遇挫折时使我们坚持研究的动力。我们想要去研究流动岩浆中的矿物质，并不是因为它是一份不同于法律的职业，而是因为岩浆看起来很美，因为通过喷发出的炽热熔岩来调查地球无法触及的核心的想法吸引着我们，它总是能勾起我们对人类与其家园关系的无意识的思考。我们选择研究亚原子物质，并不是因为它有着良好的职业前景，而是因为对原子运动方式的剖析能使我们愉快地理解宇宙的稳定性与美妙结构，而这些知识使我们感到，我们确实是这宇宙中的一份子，我们的文明是能够长久地存在的。这些东西都可以说是与美有关。

——美催生欲望、喜悦与求知欲。这一点我无法否认，在之前寄给你的一封信里，我形容过对于美的感知和渴望是如何让我的手在理性思考开始前就抓住一块光滑的鹅卵石的。我写了一本关于岩石的书，因为它的美丽令我不再感到孤独。关于中世纪的人们和地球的关系，我也思考了很多。一方面，那时人们所绘制的宇宙哲学图表是错误的：地球竟然位于正中央；太阳和月亮围绕地球选择，二者和地球之间的距离还是一样的；图上标出的行星数量太少；神和天使居于人类宇宙之外的空间。但是那些以很高的精准度与活泼色彩绘制的、一环套一环的同心圆形天体图，又使我想要了解它背后的世界观，甚或从中恢复某些并不能称为“错误”的，并能对我们现在描述地球有所帮助的东西。有趣的是，你对科学与美的答案里全是地球的碎片（岩浆、熔化的行星核心、亚原子物质）与个人的“碎片”（比如并不是所有人都会在法律和物理学中做选择，也不是所有人都会被岩石或这些无生命之物吸引）。我们在尽最大努力描绘我们的经历。我们是具体的个体，而我们是从我们自身生活的角度来写作的。但我依然想知道，我们要如何拓宽我们自己的视野，从而更好地审视一个在规模上完全超越人类感知，同时又确保我们不会丧失理解、叙述的欲望与言语的对象。我也想知道，我们要如何拓宽大众的视野，并为构建一个能够（或者至少能）更好地可持续发展的世界。让我再问一个有关地球的具体问题吧：我们拍摄的那些星球的美丽照片是会阻止还是会推动我们的深入探索呢？

——看了你的解释，我突然间能从一种前

所未有的角度，把那些地球位于宇宙中心的古老图表理解成对人类经验的真实反映。我确实相信，我们拥有相同的无意识建构，它可能导致我们罹患相同的精神或心理疾病，也会点燃我们相似的激情与对美的发现。就如一个学者经常做的那样投身于知识和教育，或是倾注全部的热情去钻研一门奇特的艺术，或是任何迫切的、远大的、受到驱策的追求，都反映了无意识建构的潜能。因此，我突然就明白了，那个以地球为中心的宇宙不再只是一个科学上的错误，而是对我们脑海中生命的涵义、对我们所必需的独立个体经验的真实反映。好，现在回到你的问题（我用自己的话概述了一下），美丽的图像是会阻止还是会帮助我们拓宽公众的认识，从而建设更公正、更环保的社会？我认为它们可能起到阻碍作用，除非在一个远比目前情况更为开放的对话中重新讨论这个问题。除了指向并强化我们已有的内在认知建构与信仰之外，美丽的图片还做了什么？它能使我们分享对“美”的**含义**、讯息的感知吗？它能使我们学着与那些无法立刻从图片中感受到美的人沟通，告诉他们，我们美丽的小小世界还可以变得更好吗？它能使我们明白，我们可以轻易地摧毁自己的世界（虽然整个地球与其他的某些物种会继续存活，不用担心），也可以轻易地做出改进、减少痛苦吗？我不确定，一张地球的图片可以向绝大多数人传达这么多信息。

——事实上，想要从地球以外观看它的愿望有时可以帮人们回避这些问题：假装自己可以身处一个无实体的角度，假装自己并不是正在凝视的对象的一部分。可我们真的能脱离我们居住的星球吗？当我们从月球上仰望地球时，我们真的在以一种更真实、更客观的立场理解地球吗？今天早上你在进行一次电话会议时，我坐在访问学者的办公室里思考我们今天可能会讨论的问题，然后我发现自己在重读西塞罗[1]的《西皮奥内之梦》，它讲述了一位罗马军事将领梦见自己飘升至宇宙中、回身俯瞰地球的故事。银河环绕在他的身边闪耀着光芒，他能看见自己深爱的罗马城缩小成了微不足道的存在。众多行星旋转着，他眼中的地球变成了一个有着不同带状区域的球体：两极是雪原，中间是沙漠。在中央炎热区域的两侧，各有一个温带地域，而这两个狭窄脆弱的、被极端的高温与严寒联结在一起的长条是地球上仅有的可供居住之处。这个故事经历了一系列巧合才



76

1 西塞罗（Marcus Tullius Cicero，前106年—前43年）：古罗马著名政治家、演说家、雄辩家、法学家和哲学家。在罗马共和国晚期，他是自由主义的拥护者、支持古罗马的宪制，被认为是三权分立学说的古代先驱。《西皮奥内之梦》（*Dream of Scipio*，拉丁原名为 *Somnium Scipionis*）收录于他的《论共和国》（*De re publica*）第六卷，主要内容为古罗马将军西皮奥内梦见了自己的养祖父，并从高空中俯瞰世界、从养祖父口中得知关于自己和国家的未来。

得以幸存至今，并激发了后世各种地质学与宇宙学的思考，当然它也催生了一些美丽的画作——地球在画中被描绘成一颗类似木星、表面有多彩条带的天体。比如在中世纪，《西皮奥内之梦》的文本仅见于公园五世纪由另一位罗马人马克拉比[1]所著的长篇注释中。它试图从一个不可能实现的视角去想象，“永恒之城”罗马变成了一个小点，没有什么事物还能显得重要。在西皮奥内看来，地球与宇宙的浩大无边是压倒性的，而他醒来后，内心充满了斯多葛[2]式的



1 马克拉比（一译马克罗比乌斯，Macrobius，Ambrosius Theodosius，生卒年不详）：古罗马作家、拉丁语法学家和哲学家，大致活动时间为公元 4 世纪初，著有《农神节》（*Saturnalia*）。他曾对西塞罗《论共和国》一书中的《西皮奥内之梦》进行注释。

2 斯多葛学派（The Stoics）：由芝诺（Zeno，约公元前 336—约前 264 年）于公元前 300 年左右在雅典创立的哲学学派，是希腊化时代一个影响极大的思想派别。该学派因在雅典集会广场的画廊（古希腊语转写为：Stoa Poikile）聚众讲学而得名。其主要观点为：所有事物的发展变化由“世界理性”所决定，而个人是这一“世界理性”中的一部分，所以人们应当顺从天命、恬淡寡欲。

顺从天命、安然度日的想法。但是这似乎只是个非常个人化的选择，是一个罗马将军为宇宙之美深深震撼后对未来生活的选择。这个故事没有提及任何一个试图把地球变得更适合居住，或更公平的群体。（讽刺的是，在做完这个梦的两年后，西皮奥内远征非洲、彻底征服了迦太基，他率部队将建筑推平、在田地里撒上盐，让那里变成了不再适合耕作、生活的焦土。）因为我们之前已经讨论了延续成百上千年的情感，所以我想我在思考的是，当我们把地球看成一个光芒四射的球体时（数千年来人们一直在想象着这样一种视角），我们内心可能涌现的敬畏之情会不会只是通向个人层面的启示与自私自利的解决方式，而最后一切都没有改变。

——这真是令人吃惊。我们需要编写一部百科全书来介绍人类是如何回应有关“地球是宇宙中的一粒尘埃而非中心”“自然灾害总是随机地无情地发生”“我们在宇宙面前如微生物般渺小”的领悟的。詹姆斯·赛科德[1]在为企鹅版查尔斯·莱尔《地质学原理》撰写的引言中，讨论了莱尔的著作对当时人们的情感造成的影响。乔治·艾略特[2]在小说《弗洛斯河上的磨坊》的结尾安排了一场大洪水杀死了她笔下的主要角色，而且洪水造成的破坏很快就被新长出的树木与野草所覆盖。这一情节部分反映出《地质学原理》所带来的消极悲观的情绪：将地球的时间与地球上发生过的事件与上帝的意志剥离，并置于各种灾难所带来的无意

1 詹姆斯·赛科德（James Andrew Secord）：学者，现执教于剑桥大学科学史与科学哲学系。

2 乔治·艾略特（George Eliot，1819—1880）：原名玛丽·安·伊万斯（Mary Ann Evans），英国作家，19 世纪英语文学最有影响力的小说家之一。著有小说《亚当·比德》（*Adam Bede*）《弗洛斯河上的磨坊》（*The Mill on the Floss*）等。其中《弗洛斯河上的磨坊》是艾略特的第二部长篇小说，描绘了维多利亚时期发生在弗洛斯河畔两家人之间的利益纠纷及其下一代的情感纠葛。

志的混乱杂音之中，一下子夺走了人们对有意义的生活的信仰。既然灾害的背后没有神明，既然我们会被一个不知何时会发生的事件彻底消灭，既然地球上的一切生命最终都会被这些无目的的灾害彻底扫除，那么为什么还要挣扎、为什么还要去建设一个更好的世界呢？所以，那些有关“我们的失误最终会湮灭于时间长河”“我们所做的恶在宇宙面前的不值一提”的想法使我感到宽慰、给予我勇气和力量继续前进并在犯错后依然坚持探索，可它们确实使其他人放弃了努力。



78

——就像我们刚才讨论的，因为我们在同一个房间里通过网络笔谈，但有时也会口头交流，而后一种形式的谈话内容并不会被记录在之后的稿件中——想要编纂一本有关人类对此类问题回应的百科全书，需要一个合适切入点用以讨论不断复现的、以艺术来记录的想象地球的冲动，但这种想象实际上包含了另一个想象，那就是你并不是一个仅仅在地球表面生来死去的平凡生命，否则你就无法看见地球的全貌。我想到了那些被称为“纳斯卡线条”[1]的图案。它们是位于秘鲁的沙漠中的巨大符号，描绘着各种动物、奇怪的人类造型或几何图形。但只有在高空俯瞰时，它们才能被作为明了的图案被识别出来……艺术家们想象的自己无法实际到达的视角，应该也是这样被创造出来的。和“纳斯卡线条”类似的其他现象遍布全世界，并且依然在持续建构之中。(除了麦田怪圈之外，还有什么别的吗?）人们确实经常把它们解释为神或外星人留下的礼物，但我认为它们也是自古以来都存在的、传达人类超越

1　纳斯卡线条（Nasca Lines）：一种巨型的地上图案，位于南美洲西部的秘鲁南部的纳斯卡荒原，这种图案面积约有50平方千米，主要由广大宽阔的直线构成，描绘的大多是动植物，其成因至今无解。

地球束缚欲望的信号。我们把对这些图案的解读传递给自己，也传递给后来的人。这是有关认识世界、认识世界观的分享，是一种会在无形中感染他人，并号召他们不断复制的观点。我们刚刚注意到，那些长盛不衰的太空旅行题材的电影同样摆脱了地球。(影片中总是会有地球缩为小点的镜头：西皮奥内的梦终于在许多个世纪之后得以生动再现。) 但是，它们又总在不经意间“回到”地球。一些地球上的风景成了电影剧组拍摄“外星表面”的取景地——比如冰岛（我想我们都去过海克拉火山[1]周围被黑色火山岩覆盖的区域，《异形》[2] 系列





---

1 海克拉火山（Hekla）：位于冰岛的复式火山，同时也是冰岛最著名的火山之一，被当地人称为“地狱之门”。其外形类似一只倒扣的船，山体上有两个主火山口和多个较小的火山口。

2 《异形》(*Alien*)：由雷德利·斯科特（Sir Ridley Scott，1937— ）执导的系列太空恐怖电影，第一部《异形》于 1979 年 5 月在美国上映，于 1986、1992、1997 年推出了三部续作，前传系列《普罗米修斯》(*Prometheus*) 也从 2012 年起开始上映。

的续作《普罗米修斯》就是在那儿取景拍摄的），或者洛杉矶郊外的沙漠，甚或就在亚利桑那、就在我们写这本书的地方。从你办公室的窗户向外眺望，我可以看见生长着一排排棕绿色矮小灌木的山岭，而它们立刻让我想到了好莱坞想象中遥远星球上的地貌——主要是因为太多电影就是在这样干燥、荒芜的地区进行拍摄的。尽管如此，它们依然毫无疑问地属于地球。我们的想象力是如此深地植根于这颗行星，以至于不管我们走到哪里，都能透过一些景色发现自己又“回到”了地球：或是到达它的远古过往，或是到达我们所预见的它的未来，还有一种更有可能的情况，那就是到达距离多数观众的日常经验足够遥远所以被当成另一个世界的、现存于地球上的某处。难道你还没受够科幻作品中那些千篇一律的沙漠星球、沼泽星球、海洋星球吗——这种构想总是假设别的星球上似乎只能有单一的气候（马克拉比将之称为“温度带”）。你认为我们是否也在 80 利用这本书创造某种概念上的图形符号——如果确实如此，它是否能起到推动我们进一步思考地球的作用呢？

——我要以一声疲惫的叹息来终结今早这场精彩的写作环节了：终于，我们触及了问题的核心。地球既是一个对象，也是一个具有复杂含义的图像，不仅仅因为我们居住在这里、它是我们的家园，更因为我们人类始终拥有一种共通的、永恒的、奇妙的冲动，它驱使着我们试图从远方、从高空去观察它——就像西皮奥内、西塞罗、马克拉比还有其他古人所梦想的那样——或者真正地飞入太空、离开地球——就像我们在文学作品中所写，以及在现实世界中开始实践的那样。也许这一切有一个非常简单的答案：探索是人类心灵中的一种必要本能。我们位于食物链的顶端，我们拥有这个世界，我们要理解它，并将其纳入自身的掌控之中。或许还有一个更为根本的原因：地球以它的重力和宜居性“掌控”了我们，这两者是最难挣脱的桎梏，所以我们才更加积极地尝试从其中逃离。

# 关于引力（地球的“束缚”）

2015年12月2日，





一次在亚利桑那州坦佩市的对话。

——昨天晚上在开车离校回家的路上，我们讨论了太空旅行是如何长久地存在于人类的想象中，并总能激发他们的兴趣——那真是漫长的一天。点缀有仙人掌和裸露岩层的褶皱山峰在远处若隐若现，看起来就像是某种外星景致。我们又一次谈起了为什么纵观历史，人类总是在想象自己能自外于地球来观察他们的家园，并对目睹某些重要的事物缩小甚至消失感到憧憬、喜爱或是恐惧。为什么我们总是在想象这样的视角？为什么地球的重力是我们如此急切地想要摆脱的对象？

82 ——我对于我们所讨论的人类对漫游宇宙的想象越来越吃惊了。我们有时会认为，幻想在太空中旅行只存在于现代科幻小说中，但就像你指出的，它在十七世纪就已经出现了，而那时的科技水平根本无法飞入太空、实现人们的梦想。那么是什么让我们不断地想象在很长时间里都是“完全不可能”的事物呢？

——不，这种想象甚至不需要依据科学技术，甚至要远远早于十七世纪！还记得我昨天提到的《西皮奥内之梦》吗？自能够做梦、幻想、写作以来，人类就一直在试图从这片大地的上方、从星空中观察它——哪怕有时是在飞离地球、将它甩在身后的过程中从后视窗中看到的。所以今天我想谈谈地球的重力。重力仅仅是一种物理学意义上的力，还是它也涵盖了我们认为是情感的吸引力的存在？如果地球的引力具有双重含义，那么为什么我们要一遍努力挣脱它、一遍总是要回头看它呢？

——说起重力，有一个笑话……重力不仅仅是一个奇妙的构想，而是一种规则。在成长的过程中，我们有很长一段时间不会意识到重力。而当你开始察觉它，你有时会强烈地感受到它的存在并想要摆脱它（也许这只是开始衰老的表现），这难道不好笑吗？现在我们知道了在月球上走路是什么感觉，因为月球的引力远比地球要小，所以人类可以跳得很高。相似的情况也会在火星上发生，虽然它的重力大于月球，但还是要比地球小不少。我想这样的科学事实也增加了人们想要摆脱地球重力的愿望。

——可是我在想，就算在人们意识到引力可以被计算测量，而且所有的物体以及天体

（比如地球、月亮）始终在对我们施加引力之前，引力就已经被理解为一种地球所固有的力量了，人们可以想象，单块的石头与整个地球都能产生引力。中世纪的人们也已经明白，这种将物体拽向地面的力量既是物理的也是情感的，就连石头也会使人类在感情上想要亲近。我们现在坐在一起创作着这本书，难道不也是在一定程度上归因于（各种意义上的）引力吗？

——我很同意你所说的“各种意义上的引力”。当你说到太空旅行者回头看地球时，我很吃惊，因为我时常认为他们是在向前看。对于地质学家，或者说我认为对于其他地质学家来说，火星上的石头具有和地球上的岩石在情感上相同的魅力，或许因为它们身处另一颗星球，还会显得更有吸引力。我在想象，受缚于这种奇怪的基本强制力，几千年来人们对离开地球的想象一下子被长距离热气球旅行的发现所强化，接着又被火箭的发明进一步提升。我们不断取得科学技术的新发现，并拿它们为梦想添砖加瓦，让梦中所见的事物变得更为可行、更趋真实。现在我们可以去电影院观看那些无比逼真的视觉特效，就好像是我们自己就在进行星际航行一样。对于“真实”的感觉会让我们在某种程度上相信，那*就是*真实存在的。





——我喜欢你将科技形容成强化人类欲望、梦想与故事的触媒（它们早已存在，科技只是强化了它们）而非创造出前所未有之物的开端的说法。在更多的情况下，科技帮助我们实现那些古老的梦想，而不是彻底摧毁它们。实际上，我认为叙述本身也是*真实*的——换句话说，叙述能以它自己的方式去塑造现实与思想。这些故事能创造出迥异于没有这些故事，或者我们不愿去想象它们时所能拥有的可能性(甚或是世界)。所以，从某些角度来看，地球本身也是一个故事！当然，宇宙中存在着一个作为物理实体的地球，我们也在研究它、想要揭开它的更多秘密；还有一个地球，它是我们一直在讲述的故事的主角之一，这一个“地球”不时地在历史中向人类散发它的魅力，所以千百年来我们一直试图更好地理解它。这些故事一直伴随着我们，有时我们甚至没有察觉它们的存在——我想这就是为什么人们要用希腊神话中的地府来称呼地球的第一个地质时代“冥古宙”。现在我们来到了共同描述地球的新的一天，有了一种新的方法去理解它宽广的球状表面。我可以在这桩教学楼的大厅里思考它：当你按下了某个按钮，你可以选取环绕地球的众多人造卫星的一颗，从它的角度来观看地球的样子。那种“地球”可能是令人头晕目眩的、以一种非常规方式环行才能看到的景象——比如从一个极点到另一极点、由上至下绕地球一圈，或者是以某种看似随意、不和谐的角度进行的飞行。这样的地球不具备整体性，它是不同人造卫星所提供的故事的总和，并邀请人们把地球看成是多变的、可变的，由各种各样的视角所建构出来的图像。每天看着孩子们在那儿玩这台设备真令人开心，当然我自己也从亲身尝试中获得了不少乐趣。

——其实，那个美丽的巨型球体模型还能投影任何可以从太阳系拍摄或测量出其准确外形的行星或卫星，这也是另一种想象力与科技令我们超越现实的方式。这种“我们可以看到任何叫得出名字的物体的照片”也是一种美妙的虚构。空间探索任务拍下了天体表面的高清照片，在此之前，我们只能在脑海中想象它们的模样。许多人就会认为、或者潜意识中认为，他们可以在互联网上找到任何有名字的事物的美丽照片。我在写作一套有关太阳系的系列丛书时就遇到了这样的问题。我希望向我的读者们阐释一个想法：我们所拥有的只有那些造访过的星球的照片，而光是能够探索那些天体，人类就已经付出了难以想象的努力、花费了大量时间金钱、经历了各种酸甜苦辣。我想要在书中以最高的分辨率展示所有我们已经探索或拍摄过的卫星和行星。有些外太阳系行星的卫星尽管有着庞大的体型，但我们能获得的只有非常粗糙的、完全看不出细节的、高度像素化的模糊光斑。我当时觉得，附上这类照片会很有教育意义，它能帮助我们重新理解那些宇宙中我们还没能清楚看见的物体。但是编辑们不允许我在即将出版的书中插入分辨率没有达到一定标准的图片，因为他们坚持认为，高分辨率——那种模拟我们在亲身面对物体、以肉眼观察的清晰度的分辨率——是唯一合理的对现实的描述，而低分辨率是一种错误，不会是太空探索这样的科技奇迹（尽管它们并没有能够接近某一个特定的对象）所带来的结果。

——这故事真有趣。我们需要用一些模糊的照片来告诫自己保持谦虚、提醒自己那些我们所不了解的、被我们所遗漏的事物。我们得承认，我们所凝视的任何对象之中都存在着不确定性，否认这一点就是欺骗自己。正如之前我们一再重申的，熟悉感并不等于知性层面的理解。我们一直在想，这本书在你（正在阅读这份对话手稿的人）的手中会是什么样子。是的，我们说的就是你。我们希望你也能参与这次谈话。我们想过在《地球》的某个部分插入一组类似手翻书的图片，从而展示有关地球整体外貌的图像如何反映人们对这颗行星的概念化认知，并随着历史发展变化：从表现西皮奥内所见景象（一个按极地、温带与热带的条带划分的地球）的中世纪手抄本插图，到今天的《蓝色弹珠》与卫星合成图像。我们有些担心，受限于“物体”系列课程的风格与篇幅，这种手翻书式的视觉变化恐怕并不能很好地呈现……因此，如果你在之前的章节看到了符合以上描述的图片，那么我们会为这一计划的实现感到非常开心！不过如果你没有在书中看到它们，那么我们希望你能理解，我们设想的《地球》不仅包括了文字，还有一系列表现在流淌的时光中变化、传承、蕴含人类远大理想的“地球”。我们希望你能拥有它们、去思考它们，并加入这场跨越数个甚至数十个世纪的对话。许多自太空遥望地球的想象从古至今都没有太大的变化：巨大的圆形，作为系统中的一个成员而非孤立的星球运转着，从某种抽象的角度出发，致力于表现人类居所的渺小，有关一个直到近年来人类才真正拥有的视角的、经年累月的梦想。从宇宙中所看到的地球总是那么地美丽。艺术家们花费了大量时间去钻研兼具精确与精美的图像刻画，他们清楚要怎样抓住观众的眼球。哪怕是在中世纪的手绘插图中，你也可以发现找到或许能称之为“高分辨率”的图像化地球，你能够清楚地看到所有的细节、沉浸于它所提供的无限可能性中，并且几乎就要相信它代表的是一种真实存在的视角（虽然比起科学成果，它更接近艺术作品）。



——有一次，我在地质学课程的导论环节邀请了一位艺术家来教授绘画技巧。我们在校园里散步，然后画下那些用于建造园林景观和楼房的石材。我在试着帮助学生们注意辨别并只画他们实际可以看到的物体。这个过程异常地艰难，因为如果学生不能理解什么是自己的眼睛实际看到的，他们就会留下空白的背景，或者在背景中加上虚构出来的东西。同样地，我们狡猾的大脑也会自动填充自身无法理解之物。这也是我为有机会向 NASA 提交探索计划、造访灵神星的金属世界激动不已的原因之一。目前为止，还没有任何添加了人为想象的灵神星的图片，而我们所拍到的最好的光学照片也只是一个光点（灵神星在这样的照片上，看起来就像是一颗恒星）。我希望世界上所有的孩子都能把他们想象中的金属小行星画下来，接着我们会拍摄它的照片，然后我们就能知道这两者的差别或者相似之处了。太阳系永远能够带给我们无穷惊喜，我们也总能发现一些在亲身到达前无法想象的事物。

89

——我要再说一次我对于这个关于金属世界的概念有多么着迷。当你提出了那样的标题——“金属世界之旅！”——你就在邀请人们和你一道去探寻一个我们有那么点儿了解（它是金属质地、它一定像科幻小说中形容的那样神奇），但实际上并不能从地球本位的角度真正了解的世界。所以我们希望把金属制成的仪器送到那里、去弄明白这颗可能是地球亲属的原行星到底长什么样。我被你为了灵神星探索任务准备的所有这些计划迷住了。坐在你的办公室里翻看相关文件、观看艺术家们如何刻画一个人类从未以肉眼窥见的物体，这些经历给我带来了许多乐趣。就像你说的，在“真实”的相片中，我们能看到的只有一个光点。昨天晚上我问你，人类如何得知灵神星由金属构成，你的解释是，这个认识有一部分是来自对其表面反射光线的频谱分析，以及对它与放射物质之间互动的检测。灵神星的成分信息藏在我们需要借助科学技术才能看见的信号中，然而你的计划书中的灵神星图片却像极了《星球大战》[1] 中的死星。这种遥远宇宙中确切存在的某些天体类似虚构武器的想法十分奇妙，谁不想去探索它呢？在互联网上，《星球大战》里那句和死星有关的台词“那不是月亮！”不断出现在一些滑稽的场合，而它能被观众牢记于心的一个重要理由就是，“人类或许能借助艺术和科技造出类似天体（实则不是）的产品”的想法是那么迷人。或者我们真的能造出一颗星球？我们难道没有在期待或是害怕成为造物主，成为那种手握曾经只有神明或天体物理之力这种远超人类能力与量级的存在才能拥有的



1 “星球大战”系列电影（*Star Wars*）：由卢卡斯电影公司出品的系列科幻电影，主要讲述了反抗军与银河帝国之间的持久抗争。首部作品（叙事时间线上为该系列的第四部）《新希望》（*A New Hope*）于 1977 年推出，其后陆续推出两部续作与三部前传作品。迪士尼收购卢卡斯影业后重启了“星球大战”系列，于 2015 年和 2017 年推出第七部、第八部及一部外传电影，并预计于 2019 年上映第九部作品。死星（Death Star）或 DS-1 平台（DS-1 platform）是电影中由银河帝国军方建造的战斗空间站，其大小接近一颗卫星，并建有一台能摧毁整个行星的超级激光炮。

力量的存在吗？想象一下：下一个目标是造出一颗行星！让我们生产出一颗人工地球！我们真的能做到吗？或者说，每当我们画下或以言语表达一个有关行星的绝妙设想的时候，我们是不是已经在“创造”天体了？一颗对我们而言无比美丽、充满诱惑与危险（因为它比我们大太多了！）不断向我们施以重力，而我们也从未停止对它的想象与探索，一遍又一遍地为它绘制肖像，以它为题材编写着动人的故事。



——我们的科研团队里也会一遍遍地说那句“那不是月亮！”的台词。我曾不止一次听到人们以伤感的语气表示，科技扼杀了想象力，科学测量带来的冰冷现实、不容许出错的现实将人类的想象力引至末路。但是我想我们已经证明了科学技术只是帮助我们强化了想象。我们一直以来都没有失去想象力，然后我们把它与科学技术结合起来，它们并没有束缚我们发散思维的能力：我们仍在对着这些与旧日幻梦结合的新图像、新工具进行天马行空的想象，就连在 NASA 任职的严肃工程师也会开玩笑说，那颗金属质地的灵神星好像一个反派军团的空间基地。

——因为他们无论如何也无法抵抗那句台词的魅力。天体中总有一些东西吸引着人们去想象、去创造。我们会想要去探索一个对我们完全没有任何吸引力的对象吗？在这本书中，我们一直在强调人类对地球的想象始终离不开一条长长的尾巴：那些自古以来就在流传的故事，有时它们包含了完全错误的信息，有时它们会夹杂着需要重新思考或彻底摒弃的细节与意义，不过始终不变的是求知的渴望。我们意识到，在一个很长的时间范围内，我们无法彻底地了解任何事物（当然也包括了地球）。但是我们依旧沉迷于四处试探、想要抓住更多的故事。我们住在地球表面，但我们从未停止对天空与神明的视界抱有野望。昨天在笔谈临近尾声时，你说人类是顶级的捕食者。我们想象自己居于世界顶端、俯视万物，把它们当成潜在的事物或供我们利用的资源（不管是对是错，总的来说人类就是这么做的）。你难道不认为，有时我们应对自己在地球上的位置有更谦虚的态度，并且承认从那个顶级的角度来看，世界并不总是像我们所想的那样以人类为中心吗？我想我们需要花上很大的工夫才能说，我们在写一本叫作《地球》的书，而它属于一套冠名“知物系列”的丛书。而作为一名中世纪史学者，我所接受的许多训练都是用拉丁文完成的，每当我看到“物体/对象（object）”这个词，我都会想到它的词源：一个动词【*ob*+*jacere*】，意为“*以……的方式扔出去*”。因此，“object”既是一个运动中的物体（它处在被扔出、持续下落的过程中），也是一块以它自身所具有的能量砸中你的阻碍物。一个物体能够介入它自身，一个物体挡住了你的去路。它可能会使你跌倒在地，迫使你重新思考那个曾认为是安全的立足点的位置。它可能会使你意识到，这个世界并不像你所想的那样安稳。如果我们总是想象自己从某个顶点向下看，那么一个物体可能会显得非常稳定。但因为我们几乎不能完全了解一个像地球这样的对象，所以我们总会被它难倒。地球的引力一次又一次无情地将我们从畅想中拉回来。或者（这里我想讨论宇宙飞船的工作原理，如果我犯了错，琳迪你要纠正我）在有些情况下，我们可以利用物体的引力来飞快地移动，我们将会弯曲后方所有方向的力量、最后朝着太空的更远处发射出去，并在途中获取不同的视野、速度与可能性。

——没错，你可以利用地球或月球或太阳的引力，像弹弓那样把自己发射升空，你也可以加速、可以获得一次推进。我之前并不知道“物体/对象”这个词的词源，现在我发现它们与我们正在探讨的话题相当契合。这本书所讲的就是，人类怎样持续地克服面前的阻碍（不论那物体是什么）。我们永远处于一些挣扎与努力之中：努力去理解某个事物，努力地朝着某个地方行进。人类的历史中充满了那么多的拼搏与挣扎。我想这会不会也是使探索变得富有魅力，而太空之旅则是终极探索的原因之一。因为只有当你处于一定的速度之中、当你披荆斩棘追求自己的目标是，你才会暂时忘记那种“你在努力克服一个物体带来的阻碍”的感觉。



——但我们都知道接下来会面对什么，因为我们已经看过那么多科幻电影了。你认为你正在平稳驶向某颗星球，你认为你自身不受重力干扰、你的轨道没有问题，一切都处于顺利进展之中……但科学技术将会带给你挫败感，或者一些陨石将会击中你，或者一些出乎意料故事中的修饰情节（比如说懈怠！嫉妒！资本主义！）将会激发一场有关人性抉择的戏剧，而你不得不偏离原有的轨道、面对自身即将灭亡的可能性。所有这些威胁都来自于你认为自己能逃离地球、征服遥远星空中的某些航路或地域。我一直在思考，动词“抓住”（*grasp*）如何既表示紧紧握住又表示用头脑理解。当我们在无法触碰、无法亲身感知的情况下，想要从纯粹认知的层面接受某事某物往往会遭遇一些困难——但这并不意味着实际接触是理解对象的必须步骤，因为我们可以通过图像和文字学习。讲述人类离开地球漫游宇宙的科幻电影往往能很好地表现这种挑战：在这些故事中，我们总能看到突如其来的难题以及各种思想的或具体的困境，一旦选择不慎，角色们就会迎来毁灭的结局。我们只有挺过那些困难，才能从探索与拓宽眼界的过程中获得喜悦。发现往往伴随着某种负面的色彩，因为这个单词被用于形容西方社会“发现”了那些本有原住民生活并了解的土地。“发现”曾在殖民语境下被频繁使用，在历史上它也背负了使用者对“非我族类”者的深刻敌意。不过我不认为我们应该抛弃“发现”这一说法，但我们应当变得更善良、更包容，并更加慎重地看待我们的所有行为。我们也不应当想着把地球所面临的困境当成旅途中一部分抛在一边。作为这段对话在书中呈现的内容的一部分，我很高兴我们坚持回到有关正义的问题上来，同时我们迫在眉睫的任务是将地球看作一个所有生命共同生活、平等分享的空间。我想我们不会有谁希望抛弃地球人同胞的！

——你说话时，我在思考你是如何将我们从行星、宇宙那样级别的巨大存在拉回至微小事物的。一颗小小的宇宙尘埃也可能导致巨大的宇宙飞船跌落、一块小小的太空垃圾都有可能危及它的供养安全。而当你第一次提到殖民时，我想的是星际旅行真的非常和平，我们不必去解决一群人类对另一群人类的侵略与暴力。但我很快意识到，我们得再一次回到微小的事物上来，因为我们想尽了各种办法避免在飞入太空时携带细菌、真菌和其他地球上的微观生命。那些小家伙们的生命力极其顽强，并且很难被检测出来，而我们希望它们不要在那些曾经没有生命的天体上扎根。我想到了被带到火星上的细菌，它们是随着我们送入太空的探测器一起到达的（尽管我们已尽力为它们杀了菌）——火星上的生命来自地球，这是何等讽刺——你接下来说到了地球上的正义问题。我想回到使太空旅行者跌落的尘埃，或者火星上的细菌会不会显得有些，呃，微不足道，因为我们希望对地球规模与我们人性的宏大的思考能激励所有人在多种未来的可能性中选择最为乐观的那种。

——我喜欢这种“未来有多种可能”的想法。关于其他可能的地球，确实会以其他方式存在着，而我们已经探讨了它们中的一部分，并把它们当成这本书设计好的一部分。回顾这段由我们二人的信件、短信聊天记录，还有不断聚焦又拉远的面对面谈话所组成的写作之旅，我们又一次穿过巨大的问题，回到了微小的事物上来。规模的变换不仅使地球引发我们的新思考，也是理解地球之前所必须的条件。昨晚讨论“顶级捕食者”人类时，我提出了将思考方向立刻转向细菌的方式。人类的生存离不开大量繁殖的微生物；另一方面，我们也是它们赖以栖息的地球。与此同时，另一些细菌攻击着我们的伤口、让我们倒下、试图把我们从自认为的那个唯有自己高高在上的顶端拉下来。去看看 H·G·威尔斯[1] 的小说吧！当然对细菌来说这世界上没有什么顶点，它们生命中的一切可能只有繁殖。不过无论如何，想象我们地球人在探索火星时把生命带到那里是一件有趣的事。或许在我们探索灵神星或者其他天体时，我们也会在无意中把生命带到那些星球上——谁也不知道那些生物一旦脱离了地球的束缚会发生些什么。在绝大多数情况下，生命会以各种规模超越我们、在我们完全没有意



---

1 H·G·威尔斯（Herbert George Wells，1866—1946）：英国新闻记者、政治家、社会学家和历史学家。主要作品有《时间机器》（*The Time Machine*）《当睡者醒来时》（*When the Sleeper Awakes*）等，在他作品中出现的“时间旅行”“外星人入侵”“反乌托邦”等概念随后成为 20 世纪科幻小说中的主流话题。

识到时蓬勃发展，就像地球那样，地球和地球上的生命都在使人类不时发出惊叹……如果没有过近距离接触，我们甚至都无法想象它们。 98

# 幕间插曲：在皮德瓦峰徒步旅行[1]



在一个12月上旬的时而有云、时而晴朗的温暖午后，杰弗里·杰罗姆·科恩、琳迪·T·埃尔金斯-坦顿和詹姆斯·坦顿正在徒步远行。这是一份基于iPhone对话录音编辑而成的手写稿。

——如果有人来到这里、亲眼见证一场洪水如何开始泛滥，他/她就会知道这是多么危险的一件事。难道他们缺乏意识到当洪水撕碎

1 皮德瓦峰（Piestewa Peak）：位于美国亚利桑那州，是凤凰山山脉第二高峰，海拔为2610英尺（约合796米）。

一切时会发生什么的想象力吗？他们难道不知道这种想象力的缺乏很可能会害死自己吗？还是说他们想要的就是这种体验“活在当下”的刺激冒险？

——哦，这样的问题真是有趣！实际上对于不少人来说，仅仅想象是不够的——哪怕我们刚刚想象了洪水发生时的情景、我们都看到了提示这片盆地如何频繁地被水淹没的标志。想象力指引我们来到这里，但是或许我们也知道现实远比我们在脑中预设的任何事都更加激动人心。人们就是喜欢那些危险、那些能刺激肾上腺素分泌的事物……？



100

——又或者我们知道，我们会看到超出预期的东西。比如说，一场洪水始于一股混杂着泥浆的细流而不是已有的大量水流。当你目睹过，你就会知道那是一种多么令人不安的预感。先是一点点的渗漏而非大水泛滥，接着洪水就来了。

——而你记录下了那个场面，因为你之后得通过词语或视频分享这个故事。这就是问题的关键。YouTube网站就好比家里的壁炉，你在那儿发布一个视频，并借由它创建一个同样关注这个话题的社群。这就是经验和想象的结合。



——所以我们刚刚是确定了想象总是与形象化的努力密不可分、创造力是一种希望某事成真并去制作产品的实践吗？

——我们是不是也认为，“真相”是被人为制造的，所以哪怕它们被再一次拆散、打碎，我们也需要去相信它们是可信的、是一个基本事实的一部分？

——基于想象力的行动、基于创造力的行动还有确凿可信的事实，这三者间的区别是什么？

——或者我们该问，我们是怎么知道这三者间的区别的？这是一个很大的难题。你希望事实是你尝试去证明的东西，或者你借此维持自己声誉的东西，又或者是我们正式发表的某样东西。但实际上你没法如此自信。人们需要花上许多年才能被你说服，或者他们需要去重复你的实验，或者去不断地读你的文章或是专著。



——就是这样。到底是什么造就了一个“事实”呢？是可重复性吗？

——好吧，这就是人们惯于描述科学的方式。可并不是所有自然科学都是可重复的。比如地质科学、行星科学，许多有关这类学科的研究都是不可重复的。它们涉及的对象规模都太大了。

101

——所以地球是一个想象的产物而不是一个准确的事实咯？（笑声）

——那我们还喜欢这本《地球》吗？我们喜欢它将我们聚在一起的那些出发点吗？

——不，实际上我同意你刚刚说的！地球是我们想象出来的，而并不是一个事实。或者至少我无法坚持认为地球既不是想象出来的又不是实际存在的。我有一些无法放弃的假设，不过也许我犯了错。地球有可能既是人类想象的产物又是某种实体存在吗？

——所以我猜这就是应该引入可重复性的地方了。我觉得仅仅把地球当成是想象出来的，并否认它实际存在的这种说法有点蠢。而我之前那么说的意思是，我们唯一能证实的只有存在于我们面前的、我们能以眼睛与感觉确认其可靠性的东西。所以，我们的认知始终有一定的界限。我们可以证实那座山丘的顶端，可以证实远方的那座蓝色的高峰，还可以证实全镇的这一整个区域，但我们无法以感官证实城镇位于我们身后山峰另一边的那一部分。然而可重复性这一原则告诉我们，生活在地球上的其他人类（或者说他们中的大多数），在我们观察地球的同时，也在以一相同的方式体验并目睹他们所生活的地球的那些部分，并用与我们相同的方式去描述这些区域，所有这些有关地球的图景不断地重复，因此我们才能说地球的存在是一个事实。



——所以“事实”就是某种可以证实其有效性的事物，通常情况下它是某种我们经由共同努力所构筑的东西……我们尝试去超越界限、从外部看这个世界，并希望可以从中窥见某种恒定不变的存在。我们需要把分散、零碎的事实组装成一幅宏观的构想，暂时避开表面问题与小的边界，然后获得一个更大的图像，甚至是整个地球。然后西塞罗所写的《西皮奥内之梦》就此成真了！

102

——但是，想要将那个界线向外推动、跨越现有事实到达更远的地方，这需要一个人，或者一群人的努力。

——我们需要重新定义地球的中心，或者为它去中心化，然后开始探索。

——所以事实真的就只是基于许多人认可的，某事某物看起来、感觉起来是什么样或者如何回应我们的样子吗？

——噢，欢迎进入数学家所关心的领域！

——我认为这就是事实本来的样子，不是吗？这样可重复性就可以拥有某种严格的双盲数据的意味，它建立在不同人群基于自身感官所达成的共识的基础上。

——事实需要被汇总，而且它们似乎需要许多能在这个世界上通行的信念与想法。在许多事实的背后隐藏着一个有关信仰的元素。而这个不需经由理性思考就被接受的信念可能会变成阻止我们进步的障碍。

——也许这就是某些专精于某个行业的人强硬地维护自身涉足领域的另一个原因？不仅仅是因为他们不希望有新人带着新观点进入这个领域、推翻他们的理论，而是因为那就是他们所笃信的事实。这一事实的框架之中，他们长期以来一直认为，他们所相信的事实是他们自我认知的一部分，同时也是他们对“宇宙是什么样”的感受的一部分，所以它在一个更加根本的层面上使人不安。



——但它是否非得是令人不安的呢？

103

——好吧，这就取决于你是以多么轻松的心态看待这一话题了。

——无论如何，我认为作为一个学者或作家，你都得面临这一问题。新人们正带着他们更好、更激动人心的成果加入圈子。这没什么，我们应当分享某个领域、尽我们所能地把它变得更令人兴奋，而不应当变得狭隘。这和你的主要观点能流传多久没关系，而是关乎对话是否能够进行。

——哦，但是你看，我知道一大堆人，他们会明确地告诉你那就是事实应该有的样子。我知道有人对我说，我的目标就是去回答某个艰深的问题，这样在未来的一千年里人们将会把我看成“发现了X的那个人”。

——他们还就此写了书。那可真是故步自封的作品！

——“我要成为牛顿！我要成为欧拉！[1]”

——我想这是不错的愿望，然而这对于大多数学者来说并不现实。

——是的，当然不现实。但是在某个特定

---

1 欧拉（Leonhard Euler，1707—1783）：瑞士数学家和物理学家，近代数学先驱之一。欧拉在数学上引进并推广了许多数学符号和公式（最为著名的是“函数”的概念），并在力学、光学和天文学等学科都有突出贡献。

的框架之中，就会产生这样一种感觉，这个我身处其中的框架需要某个人去成为“那个杰出的人”，那么为什么不能是我呢？

——而这解释了为什么他们在审视同行的作品时会表现得那么刻薄！

——的确，这可能是这一现象的部分原因吧。



——这就是地域主义。仿佛地球并不够大，而小区域又被不同的群体宣布所有权，并被霸占。

——而这也是为什么我们需要为展开具有挑战性的对话让出更多空间的原因。有了更多超乎原有期待的聚会，才会有更多的人参与其中，并组成更多不同的群体。104

——还会有更多新的领域的地平线等着我们去探索、更多的想象与创新，直到我们将知识的边界推到足够远！

——在数学领域有这么一句话用来形容无理数的，“不要向着深渊深处凝视太久，以免你发疯。”

——你会死于过于活跃的想象力吗？

——噢，就像那个如果在梦中死去在现实中也会同样死去的说法吗？

——唔，我想人们这么说，是因为他们畏惧自己的想象力，或者说畏惧自己所拥有的打破既有认知界限、直至想象自己由于陷入未知而自我毁灭的能力。

——我确实相信，如果一个人长时间地这么做，是会把自己逼向崩溃的边缘……比如某种程度的失控……你们不这么认为吗？

——过度活跃的想象会把你引向某些非常非常糟的选择和境地。

——但在我们实际获得从地球以外观察它的视角之前，我们不得不想象自身从一定距离之外眺望这个星球，并为之感到惊奇。如果没有了这种过度活跃的想象力，我们将会在哪儿呢？

——好吧，我们就在这儿呢，已经走到沙漠中挺远的地方了。

# 关于地球的想象



亲爱的琳迪，



在亚利桑那度过了一段美妙时光后，我已安全回到华盛顿特区。非常感谢你和詹姆斯的盛情款待。我真想念早上的拿铁和晚上的普罗塞克酒，在沙漠中看圣诞节灯火的散步时光，略带苦味的晚间开胃酒，还有那些从家庭、你争取自己向往的生活的挑战到想象宇宙命运的谈话。我们谈到的东西太多，以至于我的大脑至今仍处于过载状态。但是融入你的家庭的这一周令我十分愉快，在亚利桑那州立大学短暂工作的经历也使我激动不已。地球与空间探索学院给我留下了非常深刻的印象。走进学院主楼的那一刻，你就会感叹于那里有各种各样多少令人惊奇的事物：在一边陈列的“火星漫游者”[1]模型，位于大厅中央的球形投影，还有附近的令人过目难忘的陨石收藏展。在把地球与整个宇宙放在一起作为共同探索目标上，这个学院的名字显得非常合适。在我们着手写作这本书时我就明白了，探索宇宙就是探索地球，反之亦然：当我们暂时离开了我们的家园，我们才能更好地理解它。

OBJECT LESSONS

我们共同度过的时光结束于在皮德瓦峰的远足。当你、詹姆斯和我沿着荒凉的山间景致前行时，我不断地在思考，这些灰、红、绿色

106

1 火星探测漫游者（Mars Exploration Rover, MER）：美国NASA于2003年开展的火星无人探测计划。其主要目的是将“勇气号”（Spirit, MER-A）和“机遇号”（Opportunity, MER-B）两辆火星车送往火星表面进行实地考察。

的石头看起来有多像另一颗遥远星球的地表模样，还有你在去年秋天的一封信中所提到的，相比于例如火星表面的某个地方（甚或地球上的许多其他的沙漠），亚利桑那的这片广阔土地已经可以算是湿润了——大约每年降水量七英寸吧。那些扇形冲积平原揭示了一个有关液态水如何改变地球地貌的丰富故事，而点缀在自然保护区中群峰的皱褶则显现出地表如同海浪般在漫长时光中的起伏运动。当我们沿着岩石小径前行时，我们就各种话题展开了辩论，比如：为什么人们要把自然灾害拍成电影并分享它们？你能够于自身之外来想象自己吗？你能够于地球之外来想象地球吗？对于大学教育影响的更好的预估应该是什么样的，应该侧重丰厚的薪酬还是更充实的人生？人类或动物不经意间留在地面上的印记，其可辨识性可以维持多久？野鹌鹑真的像它的名称一样是完全的野生品种吗？结果的可信度一定是建立在可重复性之上的吗？那么要怎样看待那些无法重复的实验，或者以人类研究规模无法把握的时间跨度呢？“知道”与“想象”之间的确切界线在哪里？鉴于所有的事实都是人为制造的，难道它们不会多少带有一些想象的成分吗？若我们**将它们看作**事实，事实会不会就此无法成为真正的事实？我们是否应该接受所有学术研究终会发展至超越其现有范围的可能性？我们应该原谅某些对自己成果恶意评价的同行吗，我们应该原谅那些对我们依据自身意志去进行的工作、生活给予恶意反馈的人吗？我们所了解的地球是不是在很大程度上是一个想象的产物？一个人会因过度发达的想象力而死吗？



这么多问题，真是令人头疼。今天，在开始一系列把我推回日常学术生活的会谈之前，

107

我坐在一个咖啡店里，惊讶地意识到我们在从事艺术、批评、科学与数学工作的过程中会如此频繁地回到“创造性的地位”这一话题。如果事实就是曾经发现或创造出的东西（这意味着许多我们现在知道的事实会随着时间被瓦解，而且区分“真实的事物”与“人们相信是真实的事物”变得很困难)，那么探索就会更像是一种开放性的过程，如果想获得成功，那么探索者必须具备挑战困难的决心与跳出已知界线进行思考的力量。在亚利桑那州立大学的假日聚会上，一位系主任谈到了一篇出色的论文，它提出了一个在许多专家看来显得有些蠢的问题：DNA 是否有可能不仅在物种之间，同时也会在领域之间交换？当时没人愿意赞助这位研究生的项目，所以寻找一个可供他/她开展研究的实验室变成了一项巨大的挑战，但是最后这位学生的坚持得到了回报，他/她的成果令我们从一种全新的角度去看待这个世界。对于这种坚韧，或者说支持他/她绝不放弃的动力或固执，我想了很多：是什么驱使着一些人问出在旁人看来荒诞不经、不可能得到解答的问题，并且在被告知应当改换思路时，依然能够坚持自己最初的想法？要知道，大多数不走寻常路的人可能在中途就失败了，而我们从此再也没有听说过他们曾经的计划。而这就是关键所在：既然我们讨论的是对未知领域的探索，甚至是死亡的风险，那些勇士就一定要具备直面颓势、挫败乃至旁人的奚落的决心。想想那些有可能成为发现者的探险家吧，他们向着未知的岛屿行进，最终却只有被大海吞噬的结局。创造性意味着制造出全新的存在——它可以是知识、科技或者是艺术，当然也很有可能三者兼具。想要拥有独创性，你必须首先说服自己去相信，你的发现或创造能够说服他人。这一个过程看似孤独，实则不是。就算我们的想法还处于在脑海里推敲的阶段，我们依然需要不断地与别人合作。我们总是得到来自交际网（哪怕是最不稳固的那种）的各种支持，我们并不是孤零零身陷荒漠的落难者。

好吧，也许有时我们的确是孤身一人，但那样的道路很容易步向毁灭。我相信在一些情况下，想象力是致命的。然而事实是，尽管独创性看起来像是一种彰显个人才华的特征——总之历史一直是这样描述它的——没有人能够彻底孤身一人开展他/她的工作。我们能够在一起写作这本书，离不开一大批人的努力。而在过去的几年中，我所理解的地球也已经迥异于我多年来所居住的“地球”。当然，它变得更加脆弱了：对水资源匮乏与大气层稀薄的了解使得我对人类生存境遇的岌岌可危有了更加深刻的体会，而在我们着手创作《地球》之前，我对这些问题的认识还不是这样。虽然我依然难以理解这颗行星的全部，但是“地球”始终游移在想象的图景与确凿的事实、在人为建构的概念与地质学的真实情况之间。正是在这种摇摆的不确定性之中，我感受到了地球凌驾于我的个体能力之上的力量。最后我必须承认，我在写这封信、这本书，是因为我想要和地球、和你、和那些地球人多年以来一直讲述的有关家园的故事一起去创造。



109

我们已经谈到过，在有关宇宙空间的各种文献资料中，把地球想象成一个美丽的对象会怎样妨碍我们的认识进一步深化。许多作家与思想家相信，当我们从宇宙中的远处观察地球时，这颗闪耀着光辉的行星会提供某种服务于人类的视角，它使我们更谦虚、更能明白人类的活动范围仅仅占地球广袤表面的一小部分，也许甚至会帮助我们认识到地球是所有地表居民共有的家园，而我们是这个庞大群体中的一份子。“阿波罗 17 号”为我们贡献了相片《蓝色弹珠》——在图像史上被复制次数最多的照片，同时也是 20 世纪 70 年代环境保护主义兴起的催化剂。不过我想到的是西皮奥内在夷平迦太基不久之前，他梦见自己从空中俯瞰大地，并且意识到罗马帝国是多么地渺小。我还想到了“阿波罗 9 号”的宇航员拉塞尔·施威卡特[1]在太空行走的过程中注视地球，并对它不由自主地产生敬畏之情。他 1969 年问出的问题在将近半个世纪后依旧萦绕在人们心头、无法忘怀：

你就在那儿。成百上千的人类正在为

1 拉塞尔·施威卡特（Russell Louis “Rusty” Schweickart，1935— ）：美国国家航空航天局宇航员，执行过“阿波罗 9 号”任务。

> 了某些你看不见，甚至意识不到的概念上的边界厮杀。从你所在的角度，所有地球上的事物是一个整体，它是如此的美丽。你会想象，自己能够抓住谁的双手并对他/她说，“看呀，快从这个角度看地球。你看看它，又有什么在它面前称得上“重要”呢？（罗伯特·普尔[1]《地升：人类最初如何看待地球》）

OBJECT LESSONS

尽管这样的视角激发了某种全人类都在共享一个家园的普世精神，很少有人会在日常生活中接受它、或者至少是长期坚持它。也许在太空中俯瞰时，国界线不过是某种想象中的，并不实际存在的产物，罗马、特洛伊或迦太基都会缩成一个不起眼的小点，但战火并不会因此熄

---

1 罗伯特·普尔（Robert Poole，1957—　）：学者与大众历史学家，现就职于英国兰开夏大学。

灭。个人的、城市的、国家的利益永远优先于对整个地球命运的关注。自然资源依旧被我们无情地挥霍。而《蓝色弹珠》一度激发的想象——那个在图片中华美夺目却又脆弱不堪的地球——也许会影响我们的思想，却不会必然导致行动。因此，我们依旧停留在地球束缚着的阶段。



为什么一说起地球，人类的想象总是沉溺于它的美丽不可自拔，却不以实际行动做出改变？我们怎样才能为地球做些什么、同这颗我们至少能从外部空间遥望它的行星一道做出改变？阿南德·潘迪安[1] 最近在他的书中表示，《蓝色弹珠》揭示的某种带有救赎意味的承诺不过是虚无缥缈的，而此时暗含于遥望地球这一角度之中的现实问题变得越来越严重。

1 阿南德·潘迪安（Anand Pandian）：学者，现于约翰·霍普金斯大学人类学系任教。

如今我们认为我们已进入了人类世，在这一地质新时代里工业文明深刻地介入并改变了地球复杂的气候系统，而我们做了什么来确保地球依然适合人类居住（我指的不仅仅是一些人，而是指人类全体）呢？或者我们只能承认，所有的事物（包括智人这一物种）都有其生命周期，而地球与其他生命在人类消失后仍能欣欣向荣、哪怕是以我们无法预见的形式继续繁衍下去？潘迪安问道："我们需要更多的是日光之下清晰明了的图景呢，还是与另外某些幻梦有关的想象的力量？培育并维持这种对未来的预见又需要我们付出什么?"（《观看》）日光与幻梦：这是否意味着科学与艺术、数据与叙事的交集呢？想象力真的能使我们免于绝望吗？

杰弗里

111 亲爱的杰弗里，

今天是圣诞节，我们一家正住在位于西马塞诸塞的小屋内。过几天我们的儿子特纳和他的女友莉兹将会加入我们。我的兄弟与他的妻子在他的岳母去世之后，正在爱尔兰和意大利度假并拜访其他家族成员，以排遣心中的悲伤。所以这几天只有我和詹姆斯住在这里。

我对西马塞诸塞州的景色太熟悉了，而它们又与亚利桑那完全不同。这里出奇地温暖，今天差不多有 70 华氏度（约 21.1 摄氏度），从来看不见一片雪花，就连在山顶上也看不见。这种温暖的天气使得外面的草地始终保持一丝绿色。我们在草坪种上了本地品种的丛生禾草，它们的茎秆很快就长到了 6 英尺高、顶端的穗头结满了草籽，显现出一片片斑驳的金褐色阴影。地球上的其他每一个角落都被植物所覆盖，而它们又与亚利桑那的沙漠有所不同。

我们会沿着一条长长的道路步行到我们发现的小溪。每次走到半途，差不多是每当我们在早上到达那儿，就能看见一座巨大的嚎叫着的郊狼塑像被有意摆放在砾石路的中央，提醒着路过的人附近也许有野兽出没。我们知道这里是你的地盘，郊狼，我们保证不会动你的食物。



沿着路走了十分之一英里之后，我们遇到了邻居们。他们希望向我俩展示一个新的历史纪念碑，于是我们又一起在树林里步行了半英里。这次徒步旅行和几周前我们在亚利桑那的沙漠里的远足非常不一样！晚上我听了那天的录音文件，全程都是我们的靴子踩在长着干苔的岩石上发出的很响的嘎吱声。而在今天的行程中，我们听到了腐叶土壤被踩踏而产生的轻

112

柔湿滑的声音，林间生长的蘑菇的气味，还有停歇在老枫树上的渡鸦时而发出的啼叫。

那些枫树大约有200年的树龄，我猜它们应该是托马斯·杰斐逊[1]赞助、贵格会[2]发起的枫糖运动（为了削弱不道德的奴隶交易，他们在当地生产枫糖以取代从加勒比海运来的蔗糖）的见证者。所有这些枫树差不多同样古老，都是沿着遍布新英格兰的道路栽种，并且都已迈入生命的尾声。这些树已经破裂散架，粗壮的树枝摔落在地面，巨大的中空树干矗立在树林中，比其他树木都更加高大、灰败与

---

1 托马斯·杰斐逊（Thomas Jefferson，1743—1826），美国政治家、思想家。《美国独立宣言》主要起草人，美国开国元勋之一，后出任美利坚合众国第三任总统（任期为1801年—1809年）。

2 贵格会（通用名称为Quakers，正式名称为the Religious Society of Friends，又名教友派、公谊会）：常见于英国及其美洲殖民地的新教教派，兴起于17世纪中期，创立者为乔治·福克斯。贵格会倡导仁善、反对暴力，最初没有专门的神职人员，宗教仪式也较为简单，主要依靠圣灵的启示而非成文的教义指导信徒的宗教活动与社会生活，具有一定神秘主义色彩。

庄严。

我们在一条沿教堂小溪修建的古老马车路上走了一半，终于见到了那个纪念碑。碑上写着："阿尔万·克拉克[1]家宅所在地。"在附近的一块围绕着凹陷区域、已坍圮的矩形石头篱笆墙最初曾是地下室的墙壁，现在它已被数百年树龄的古木所占据、包围，成了克拉克家庄园仅有的留存。碑文接着介绍了阿尔万·克拉克和他的儿子们如何成为举世闻名的打磨、抛光天文望远镜镜头的专家，他们的镜头被全球各种天文台、观测点使用，其中就包括了亚利桑那州罗威尔天文台的那台传奇的克拉克折射



1 阿尔万·克拉克（Alvan Clark，1804—1887）：美国天文学者与望远镜制造商，最初是一名肖像画家，40 岁时改行开始研制天文望远镜。他在研究当时存放于哈佛大学的 15 英寸折射望远镜后，利用自己磨制的镜片组装成新的望远镜，并分辨出了天狼星的伴星。随后他与儿子成立了名为 Alvan Clark & Sons 的公司，并制造了诸多知名天文望远镜。

望远镜（帕西瓦尔·罗威尔[1]曾用它来寻找火星上生命活动的痕迹）。

克拉克后来获得了麻省大学阿默斯特分校、芝加哥大学、普林斯顿大学、哈佛大学的荣誉学位，但他仅有的一份正式求学是在这条马车路上的，仅有一间校舍的学校完成的。和

113 克拉克家的宅邸一样，这所学校如今只剩下了隐藏在森林中、倒塌的石制地基。我们站在这片有一百年甚至更长历史的树林中想象着过去：当克拉克一家还生活在教堂小溪旁时，新英格兰的每一寸土地都被清理过了。在牲畜的协助之下，人们耕种了土地。百年后的今天，



---

1 帕西瓦尔·罗伦斯·罗威尔（Percival Lawrence Lowell，1855—1916）：美国天文学家、商人、作家与数学家。他在美国亚利桑那州的弗拉格斯塔夫建立了罗威尔天文台（Lowell Observatory，一译洛厄尔天文台）并曾经将观察到的火星表面沟槽描述成运河。他对海王星外X行星的轨道预测促使了冥王星在他去世14年后被发现。

我们透过这些灰白色的树木一窥曾经的光景，并且试图在脑海中描绘还没有树林时的土地的形貌。

因此，这次远足在很多方面使我想到了那次在沙漠中步行时进行的对话。克拉克就曾经在他的庄园里打磨望远镜镜片，沿着那条路向下走还有间忙碌的磨坊，而如今这里只有生活着熊和豪猪的森林。克拉克制作的那些天文望远镜在他的时代毋庸置疑地属于艺术的范畴，就像今天的航天任务为我们做出的贡献那样，它们让科学家们第一次观察到从前不可能看到的事物，并把太阳系中那些超乎人类想象的惊人景致展现在人们眼前。



已知的东西从何处终止，想象的范畴从何处开始？几个世纪以来，人们都在想象飞离大地、反观地球的可能性，并且不断想象那种景象会是什么模样。在很长一段时间内人们只能依靠脑海中的想象，而并不能在真实世界中完成它。他们会观察地上的各种食物，猜想它们从前所未有的另一种视角下看起来的样子，而且他们也没有多少事实例证来开启自身的想象：这是他们自己看到的面前的东西。它们的俯视图像包含在了那极少一部分的事实之中，再加上他们道听途说的各种来自地球其他地区的样貌，最后还要再加上更多纯然的虚构。

114 今天，冲出地球大气层的太空任务送回了各种照片，使我们能够真正从高空观察地球。因此我很好奇“知道”与“想象”之间的边界会在哪里。那个模糊不清、轮廓不明的范畴正是科学遭遇困境、非科研工作者难以理解为什么一些被认为是正确的观点最后被证实为错误的原因。这不仅仅是“我的测算出错了”这类简单失误所导致的。更大的危机（或者说机遇）在于，有时一些想法在我们的脑中过于鲜明有力，它们在我们的想象中变得过于逼真，以至于最终更加重视这些观点，而忽略了理应推崇的事实。比如说，我可以向你描述一个存在于太阳系早期的小行星体、一个处于雏形阶段的行星的模型。根据接下来详述的一些模型与物理学理论，我认为它看起来是这样的。紧接着，这一图像可能会深深扎根于某些研究者的印象之中，他们或许会把它当成事实，在它的基础上进一步展开论证，尽管这个图像里的部分内容很可能是完全错误的。因此，科学探究所需的想象力也许会让我们犯错，但它也能推动我们不断进步。



我知道有一种关于科学的刻板印象：它一定是公式化的、可重复证实的、精密的，科学家坐在办公室或是实验室里一遍又一遍地做着测量、画出图表，或者他们就只是不断地计算、计算、计算。但在自然科学研究的很多时候，你需要非常强的创造力才能取得突破。一个比较明显的例子是架构你的基本问题，它也许看起来很简单，但想要问出一个好问题，你需要对“什么正在发生”有清楚的认知，而拥有这样的认知离不开一种想象的能力。你得想象你的研究会涉及什么样的长度、时间、温度规模，你还得想象整个研究过程中的每一个部分将会如何拼合在一起，直到你对整体计划如何运行心里有数。接着你需要去做各种可以完成的测量、建模或是计算，你需要卓越的想象力来预估并区分数据可能指向的各种可能性。所以从事科学研究离不开出色的想象，在它的帮助之下你才能向转动电影胶片那样平稳地设计、推进研究步骤，或者是对研究材料有较好的直观理解，并且明白它会如何应对不同的环境。这就有点像是在脑中构思一个故事，然后再把它与真实世界做一个比较。

115

杰弗里，我记得你写过这么一句话：“想要拥有独创性，你必须首先说服自己去相信，你的发现或创造能够说服他人。”最近我和一位朋友聊起了领导才能。一直以来，他都在领导着别人，并在教导别人如何去领导团队取得商业上的成功。他向我解释领导力其实是一种确立一个目标、坚定地相信它、为实现它而不懈努力的行为，在看到你的决心与行动力后，其他人也许就会被你感染，并加入你、追随你。所以说独创性、未来的愿景和领导力其实是被绑在一起的；你对创造力的表述和我们对想象未来的表述其实是一回事。

在第一个问题的基础上，你的第二个问题“为什么一说起地球，人类的想象总是沉溺于它的美丽而不可自拔，却不以实际行动做出改变”就有了答案。想要做出改变，必须有一个人运用自己的创造力去搭建一个改变如何发生的蓝图，然后他/她必须以某种他人也能够参与的方式来引领改变的发生。

写作这本书使我学会了两件美妙的事。第一件事是，人文科学与自然科学间的所谓“分歧”其实是一种错觉。我们都在运用自身充满创意的大脑去调查这个世界，我们对人性理解的共性最终会压倒这两大领域在研究角度、研究方法上的差别。

第二件则是，我们人类天生具有一种探索身边世界、试图理解事物真相的本领。阿尔万·克拉克曾经试图理解宇宙，他甚至在晚年发表了研究恒星的论文。而我们对宇宙的认识一直在发生改变。正如一些科学家所说，几乎所有我们今天相信自己知道的知识都可能在未来变成谬误——这就是科学的进步。一开始你也许会觉得，噢，这样很棒、很谦虚，你会思考有关进步的话题，可当你再思考一会儿，你就会问：那么，什么才是真实的呢？如果你问科学家们有没有确凿无疑的事实，你最有可能得到的答复是，我们已发现的能被承认为永远不变的真理的事物恐怕是寥寥无几。

在亚利桑那沙漠的远足途中，我们谈到了想象与创造会带来某些存在，令你几乎就要相信那将会是事实。那时我问你，你相信会变成事实的东西和真正事实之间的区别是什么？你说，说到底事实就是许多人都认同的某种存在。希望他们是基于审慎的观察与思考，而不是情绪反应而达成的共识，因为私人化的情感往往造就缺乏实际依据的观点，而在求知过程中有更多外在标准可循的关注、思考与实践行为能创造出更能经得起时间考验的学问。

那么就让我们、让所有拥有行动能力与意愿的人，不仅仅沉浸在美之中，更要付诸实践、做出改变。我们每个人都能想到一种有关美好未来的景象，而我们可以让这种乐观的愿望指导我们的行动。让我们从现在开始吧。

琳迪

## 一篇基于 Facebook 状态更新扩充而成的博文

12 月 26 日

在昨天晚上，12 月 25 日，一个以灯光与生机抵御冬季寒意的节日，琳迪把《地球》所需的最后一封信件发给了我。

我们并不庆祝圣诞，但我的家庭非常喜欢冬至日前后的各种习俗和传统：当寒冷的冬夜变得越来越漫长时，人们发明了蜡烛、美食和嬉戏来度过它们。我最喜欢的有关这个季节的故事之一是中世纪叙事诗《高文爵士与绿衣骑士》[1]。这首长诗印证了专属于这个时节的蓬勃活力（绿冬青、红色的果实、丰盛的宴会与温暖的炉火），与此同时，它也没有回避冬季那冷酷的暴虐、没有无视那些超出狭义人类世界范畴的东西（比如，红色同时也是流动的血液的色调；在冬天动物们和人类一样在忍受并躲避严寒；纵观全诗，绿色就其拥有的使人惊异、感受挑战或偷偷繁衍生命的能力而具有了超自然的色彩）。不同于同时代诗人乔弗里·乔叟在《特洛伊罗斯与克瑞西达》中会为了某一时刻从遥远的彼方观望地球而兴高采烈（结果它变成了“一个被海洋环抱着的陆地小点”——乔叟可以说是《西皮奥内之梦》的粉



118

---

1 《高文爵士与绿衣骑士》（*Sir Gawain and the Green Knight*）：流传于14世纪后期的韵文传奇叙事诗，作者不详，是威廉公爵征服英格兰后、法国文化影响英语文学的代表作品。全诗2529行，不仅反映了骑士制度的理想，对于自然与人物性格的描写也十分出色，代表了中古时期英格兰北部头韵体诗歌的最高成就。

丝了！），《高文爵士与绿衣骑士》的不知名作者从不会向读者描述一个升入天空、摆脱与地面的牵绊的时刻。他从不试图想象作为一个完整体、一颗遥远天体的地球图像，因为这样的视角会削减所有生活在地面上的生物的重要性。冰雹和被狂风吹动的雪花击打着骑士与战马，而他们也同样令林间的鸟儿瑟瑟发抖，就像太阳的温度也能让植物欢欣鼓舞。想要从这首诗中提取出一个价值标准是比较困难的，尤其是绿骑士，他既充满了活力也十分暴力，他的危险性与繁茂生机、绿色与红色交织在一起。握着一把巨斧，并拥有死里逃生本领的他是一个可怖的生物。但是，绿骑士同时也是一个有趣的伙伴，他会原谅你的谎言，在最后一刻决定不砍下你的脑袋，然后邀请你回到他的城堡、用鸡尾酒和新年聚会招待你。昨天Facebook的动态让我想起了这首诗中混杂的主题，因为很多朋友在分享了杉树枝条编成的花环、被急切的孩子拆开的礼物以及许许多多的蛋糕的同时，还贴出了有关坎卜斯[1]（一个会惩罚淘气孩童的长角、多毛的恶魔）和圣诞猫[2]（它会吃掉那些没有留下后代的人类）的传说。这说明在冬季节日讲鬼故事是一种传统。也许史密斯乐团的歌词是对此最精准的概括："在生命之间我们处于死亡之中……"[3] 那么我们是



1 坎卜斯（Krampus）：阿尔卑斯地区民间传说中的怪物，起源于北欧神话，在天主教传入日耳曼地区后，变成圣尼古拉（Saint Nicholas）的随从。在圣诞节期间，圣尼古拉会给乖小孩礼物及糖果，而坎卜斯负责捉走并吃掉淘气的孩童。

2 圣诞猫/尤勒猫（The Yule Cat，冰岛语为 Jólakötturinn）：冰岛民间传说中的一种巨型猫怪。据传它会在圣诞节期间出没，游荡于被雪覆盖的乡间并吞吃没有在平安夜前收到并穿上新衣服的人。尤勒猫还会和冰岛传说中的其他形象联系在一起，例如传说它是女巨人格瑞拉（Grýla）及其子圣诞小子（Yule Lads）的宠物。

3 史密斯（The Smiths）：英国摇滚乐团，1982 年成立于曼彻斯特，被誉为 20 世纪 80 年代英国独立音乐浪潮以来最重要的另类摇滚乐团。该处引用为其作品《甜蜜温柔的小混混》（*Sweet and Tender Hooligan*）中的歌词，转引自一首格里高利圣咏的首句（拉丁语原文为"Media vita in morte sumus"）。

否拥有一个没有那么具有讽刺意味的传统呢？

119 我脑海中之所以不断浮现有关生活危机的想法，是因为我们刚刚去新英格兰拜访其他家族成员（我们每年都会回去问候他们）、顺便庆祝我父亲的八十五岁生日。在各种各样的聚会上，我的家人不断复述那些生活一次次变得糟糕，但危机总能因为人们坚持不懈的美德与良好的幽默感而化解的旧闻。故事始于我那位来自立陶宛、在1882年移民到缅因州的曾祖父，那时他在佩诺布斯科特县做着到每个农场贩售小商品的生意。对于那儿的不少美国人来说，我的曾祖父是他们见过的第一个犹太人。他存够了钱，在班戈市开了一家商店，然后创立了一家分店遍布全州的连锁服装店，但在大萧条中他失去了所有财产。接着就是人们突然变得不幸、家庭之间的刻薄相向、最后又迎来了安宁——这些主题在每年讲述的客厅故事中不断地出现。我思考着这些问题，因为琳迪的信指向了一个非常深刻的问题：房屋随着时间的流逝变为了废墟，当它彻底地“退化”至自然环境中的一部分时，它就与人类的“历史”相遇了。在我的大家族里，很少有亲戚还记得曾祖父叫西蒙，至于知道他的名字其实是西姆森的就更少了。时至今日，那个曾经非常活跃的犹太人社区已经彻底从班戈市消失了，但是只要你聚精会神、仔细搜寻，你依然可以发现一些东西。



当琳迪寄出她的信件时，我正飞回华盛顿特区。飞机在夜晚的大雨中降落，我感觉自己好像是坐在一艘破破烂烂的船只上。阿列克斯刚刚结束了他在大学的第一个学期，凯瑟琳刚刚完成了她中学第一学年的一半学业，温蒂则继续出色地身兼两职——除了原本的工作，她还是本地选民们推选出的行政官员。有时我会想，时间推动我的一家四口飞快地向前（我甚至有些不敢相信，我们怎么转眼就有了一个十八岁的儿子和一个十一岁的女儿了呢?），这种感觉就好像总是在乘坐我脚下这架不知疲倦地运行着的飞机，目的地尚且看不清，但我们相信自己能够平安抵达。飞机在巴尔的摩国际机场着陆，乘客们都很开心我们是在地面忍受暴风雨，而不必冒着更大的危险在它的云层中穿行。在飞机滑行时我就打开了手机查看邮件，在等待有些延误的行李、乘坐机场巴士去取车时我读了琳迪的来信，然后我意识到，这样的结尾已经充满了希望和对未来的期许，是时候为这本小书划上句号了，哪怕我和琳迪还没打算那么做。这一突如其来的认识令我伤感不已，我还不想这么早就结束这场对话。

地球是一个难题。我在最后一封信中担心对于地球之美的崇敬可能会导致政治与伦理层面实践的失效。人们过于相信自己对地球的壮丽已经称赞得足够多了：这颗孤独的行星，在黑暗宇宙中静静闪耀着光芒，就像一颗可以被当作护身符的“蓝色玻璃弹珠”。人类的想象力驱使着我们去寻求新的理解地球的方式，但它有时也会停滞，甚至带来倒退。我们凭什么确定在欣赏之后的就一定是切实的努力呢？琳迪写过这样的一段话（我希望她不介意我在这里复述一遍，但在这个辞旧迎新的时刻，这段话实在是再合适不过了）：



> 那么就让我们、让所有拥有行动能力与意愿的人，不仅仅沉浸在美之中，更要付诸实践、做出改变。我们每个人都能想到一种有关美好未来的景象，而我们可以让这种乐观的愿望指导我们的行动。让我们从现在开始吧。

121 这本书迎来尾声时，我们的地球围绕它温暖的恒星开始了新的一圈公转——这个从整个宇宙来看毫不重要的事实对于人类来说却不是这样，作为与地球紧密相连的观察者，我们总是需要选取**某种**“位置”来确定开始、结束以及新的开始。地球呼唤着新的想象、催生着更多的创造力、激励着人们去展望、去参与，它太过庞大，没有什么（尤其是这么小的一本书）能将地球的方方面面全数囊括。因此，地球是一个全体人类共享的，美丽的，永远处于未完成状态的课题。

122 是的，让我们从现在开始吧。

# 致谢





在本书最后，我们要感谢克里斯多夫·谢弗，是他邀请我们并积极支持这本探讨了一个巨大到不可思议的话题的小书；感谢伊安·博格斯特为挑战更好地架构这一项目所做出的努力；感谢哈阿里斯·纳克维，他永远不会拒绝我们的求助；感谢苏珊·克莱门特，她为将我们的初稿整理成你们眼下正在阅读的样子提供了诸多帮助。

杰弗里·科恩想要在此感谢自己的家人（温蒂、阿列克斯、凯瑟琳，不管漫步到哪儿，他们总是能提出最重要的问题、提供挑战）；

科恩家的兄弟姐妹、自己的朋友与同事；感谢乔治·华盛顿大学在我写作过程中提供的研究支持；还有詹姆斯和琳迪，他们敞开家门邀请我去拜访，向我敞开了他们的生活，除了完成了作为搭档的工作，他们也极大地开拓了我的思路。琳迪·埃尔金斯-坦顿是我见过的最棒的合作者，我很乐意与她一起完成这本《地球》并共享著作权。

琳迪·埃尔金斯-坦顿想要在此感谢自己的家庭；感谢詹姆斯与特纳，以及他们从不消退的、对于讨论在这宇宙中我们共有的有趣问题的热忱；感谢吉米和玛格丽特，以及我们一起进行的无穷无尽的探险；感谢亚利桑那州立大学与出色的同事，感谢这里带给我的团队归属感与希望（对于一个跨学科的研究者来说，没有比这儿更好的地方了）；我对与他们相处的每一个瞬间都心怀感恩。最后还要特别感谢杰弗里·科恩以及同他无与伦比的合作。在和杰弗里一起写书之前，我从没有过能够收获如此多的快乐、发现如此多的新点子。所以我要谢谢亚瑟·拜赫尔，谢谢你介绍我们相识并促成了多年之前的那次合作演讲！

# 人名索引[1]



1 词条后所附页码为原书页码。

B



C



知物

1 此处原书拼写有误，Wikipedia和本书前几部分标注都是 Earthrise，《地升：人类最初如何看待地球》(普尔)。

OBJECT LESSONS

J



K



L

**O**



**P**

OBJECT LESSONS

**R**



**S**

OBJECT LESSONS

知物

**图书在版编目（CIP）数据**

地球：熟悉的他者 / (美) 杰弗里 · 杰罗姆 · 科恩,
(美) 琳迪 · T.埃尔金斯-坦顿著；邓楚译. -- 上海：上海文艺出版社, 2021
(知物系列)
ISBN 978-7-5321-7987-9
Ⅰ.①地… Ⅱ.①杰… ②琳… ③邓… Ⅲ.①地球科学－普及读物 Ⅳ.①P-49
中国版本图书馆CIP数据核字(2021)第107553号


发 行 人：毕　胜
策 划 人：林雅琳
责任编辑：林雅琳
装帧设计：周志武

书　　名：地球：熟悉的他者
作　　者：(美) 杰弗里 · 杰罗姆 · 科恩 (美) 琳迪 · T.埃尔金斯-坦顿
译　　者：邓　楚
出　　版：上海世纪出版集团　上海文艺出版社
地　　址：上海市绍兴路7号　200020
发　　行：上海文艺出版社发行中心发行
上海市绍兴路50号　200020　www.ewen.co
印　　刷：启东市人民印刷有限公司
开　　本：787×1000　1/32
印　　张：7.625
插　　页：3
字　　数：83,000
印　　次：2021年10月第1版　2021年10月第1次印刷
I S B N：978-7-5321-7987-9/G · 0322
定　　价：45.00元
告 读 者：如发现本书有质量问题请与印刷厂质量科联系　T：0513-83349365

OBJECT LESSONS 知物

小文艺·口袋文库·知物系列

地球 _ 熟悉的他者

树 _ 我心狂野

密码 _ 来者何人?

头发 _ 赋能的符号

玻璃 _ 过去现在未来故事三面性

时差 _ 昼夜节律与蓝调

兜帽 _ 隐匿于善恶之间

袜子 _ 隐秘的安慰

问卷 _ 潘多拉的清单

伪装 _ 是蜜糖，还是恐惧?

弃物 _ 游走在时间的边缘

面包 _ 膨胀的激情与冲突

小文艺·口袋文库·33⅓系列

涅槃 _ 母体中

人行道 _ 无为所为

黑色安息日 _ 现实之主

小妖精 _ 杜立特

鲍勃·迪伦 _ 重返 61 号公路

地下丝绒与妮可

迈尔斯·戴维斯 _ 即兴精酿

大卫·鲍伊 _ 低

汤姆·韦茨 _ 剑鱼长号

齐柏林飞艇 IV

## 小文艺·口袋文库·知人系列

汉娜·阿伦特 _ 活在黑暗时代
塞林格 _ 艺术家逃跑了
爱伦·坡 _ 有一种发烧叫活着
梵高 _ 一种力量在沸腾
卢西安·弗洛伊德 _ 眼睛张大点
阿尔弗雷德·希区柯克 _ 他知道得太多了
大卫·林奇 _ 他来自异世界

## 小文艺·口袋文库·小说系列

报告政府 著——韩少功
我胆小如鼠 著——余华
无性伴侣 著——唐颖
特蕾莎的流氓犯 著——陈谦
荔荔 著——纳兰妙殊
群众来信 著——苏童
目光愈拉愈长 著——东西
致无尽关系 著——孙惠芬
不准眨眼 著——石一枫
单身汉董进步 著——袁远

二马路上的天使 著——李洱
不过是垃圾 著——格非
正当防卫 著——裘山山
夏朗的望远镜 著——张楚
北地爱情 著——邵丽
请女人猜谜 著——孙甘露
伪证制造者 著——徐则臣
金链汉子之歌 著——曹寇
腐败分子潘长水 著——李唯
城市八卦 著——奚榜